"工学结合、校企合作"课程改革教材
职业教育园林专业规划教材

园 林 CAD

主　编　唐登明
副主编　陈　治
参　编　李　新　汤　坚

U0321248

机械工业出版社

本书本着"够用、实用"的原则，根据项目式教学模式，以 AutoCAD 2010 为绘图工具，通过适量的图例完成教学任务，避免了过多枯燥的理论和不常用的内容，强调知识的应用，着重培养学生分析问题、解决问题的能力，力求贴近园林工程设计实际。本书图文并茂，结构合理，共包括初识 AutoCAD 2010、绘制足球场平面图、绘制石桌立面图、绘制我的家园、绘制石凳平面图和立面图、绘制庭院灯平面图和立面图、绘制小游园绿化设计平面图、绘制园林小房子效果图、图纸布局与打印输出等九个项目，每个项目的安排都遵循由简到繁、由易到难的特点，便于学生掌握。

　　本书可作为职业院校园林专业教学用书，也可作为相关专业的培训教材。

　　为方便教学，本书配有电子教学资源，凡选用本书作为授课教材的老师均可登录 www.cmpedu.com 以教师身份免费注册下载。编辑热线：010-88379865。

图书在版编目（CIP）数据

园林 CAD/唐登明主编. —北京：机械工业出版社，2013.6（2017.8重印）
"工学结合、校企合作"课程改革教材　职业教育园林专业规划教材
ISBN 978-7-111-42459-8

Ⅰ.①园…　Ⅱ.①唐…　Ⅲ.①园林设计－计算机辅助设计－高等职业教育－教材　Ⅳ.①TU986.2-39

中国版本图书馆 CIP 数据核字（2013）第 096852 号

机械工业出版社（北京市百万庄大街22号　邮政编码100037）
策划编辑：刘思海　责任编辑：刘思海
版式设计：霍永明　责任校对：陈　越
封面设计：马精明　责任印制：常天培
北京宝昌彩色印刷有限公司印刷
2017 年 8 月第 1 版第 4 次印刷
184mm×260mm·14印张·345千字
7001—8900册
标准书号：ISBN 978-7-111-42459-8
定价：34.00元

前 言

　　《园林CAD》是根据园林技术专业人才培养方案和园林行业要求，以培养园林专业学生的职业素质和岗位能力为出发点，为训练学生的CAD技术综合应用能力和相关职业技能而组织编写的。本书教学内容切合园林工程设计实际，图例丰富，易于操作，体现实用、够用，为园林专业学生掌握CAD制图技术提供了便捷之路。本书可作为职业院校园林专业教学用书，也可作为相关专业的培训教材。其主要特点如下：

　　【结构合理】本书围绕园林技术专业所需的基本知识和必要能力编写，共分九个项目。除了项目一和项目九（内容简单、易于掌握），每个项目在明确学习目标和学习难点的基础上，均设置了知识篇、实战篇、提高篇等环节，由简到繁，由易到难，循序渐进。

　　【任务驱动】课程设计以完成图例任务为教学目标，图文并茂。通过图例练习掌握相关知识和技能，列出了"命令程序"和"特别提醒"，还对大多数命令作了详细的注解，为的是使学生少走弯路，快捷入门、上手，强调在"做中教、做中学"的课程建设理念。

　　【强调应用】本书许多实例紧贴园林工程设计实际，与行业对接，重视知识的综合应用，培养学生分析问题、解决问题的能力，使他们能够充分运用所学知识，进行综合图例的绘制，从设计方案、绘图流程、调整布局、图纸打印等方面进行训练，进一步培养学会学习、学会思考、学会应用的独立工作能力；并根据学生对知识的掌握程度，进行技能拓展与提高训练，以体现因材施教、分层培养、分类指导的要求。

　　【简洁适用】编者从事园林CAD教学及园林工程设计多年，熟悉园林工程设计中的各个技术环节，精通CAD制图技术，了解学生的实际需求，本着"够用、实用"的原则，尽量省去不常用、较生僻的内容。

　　本书由唐登明任主编，陈治任副主编，李新、汤坚参与编写。在全书编写过程中还得到了高政平副教授以及江苏今朝园林公司、盐城绿之家园艺公司等单位专家的大力关心和支持，在此一并表示衷心的感谢！

　　由于编者水平有限，书中难免有不妥和错漏之处，恳请同行和读者批评指正。

编　者

目　录

项目一

初识 AutoCAD 2010

学习目标

1. 了解 AutoCAD 设计流程，熟悉其用户界面。
2. 掌握 AutoCAD 2010 的基本操作。
3. 学会文件操作和对象选择。

学习难点

掌握 AutoCAD 的基本操作。

知 识 篇

1. AutoCAD 在园林设计中的优势

随着计算机硬件技术的飞速发展和计算机辅助绘图（CAD）软件功能的不断完善，借助计算机的强大功能从事设计工作已是许多设计人员的主要工作方式。在园林设计领域，AutoCAD 软件正迅速取代绘图笔和画板成为主要的设计工具。

与手工绘图相比，利用 AutoCAD 进行园林规划设计具有十分明显的优势。

1）绘图效率高。AutoCAD 不但具有极高的绘图精度，作图速度快也是一大优势，特别是它的复制功能非常强，AutoCAD 帮助我们从繁重的重复劳动中解脱出来，留下更多的时间来思考设计的合理性。

2）便于设计资料的组织、存储及调用。AutoCAD 图形文件可以存储在光盘等介质中，节省存储费用，并且可复制多个副本，加强资料的安全性。在设计过程中，通过 AutoCAD 便可快速准确地调用以前的设计资料，提高设计效率。

3）便于设计方案的交流、修改。互联网的发展使得各地的设计师、施工技术人员可以在不同的地方通过 AutoCAD 方便地对设计进行交流、修改，大大提高了设计的合理性。

4）可对各方案相对成本进行检测。通过 AutoCAD 的数据库功能，可方便快速地计算出各设计方案的成本，为设计提供指导。

5）可使设计方案表现得更直观。通过 AutoCAD 的三维设计功能，可以方便快捷地生成多视角的三维透视图，或做成动画，以便更直观地感受设计。

6）AutoCAD 具有良好的二次开发性，使得软件更能符合专业设计的需要，这也是 AutoCAD能够在园林设计行业得到广泛应用的主要原因之一。

2. AutoCAD 2010 常规设计流程

设计的简要过程如下：

1）启动 AutoCAD 2010，用样板文件创建一个新图形文件。

2）绘图环境设置。

① 单位设定（将测量单位设为"小数"）。

② 图形界限设定。

③ 栅格和捕捉设定（可以启用栅格和捕捉）。

3）图层设置。

① 增加图层，如图形、文字、标注、绿化、填充、中心线等。

② 为各图层设定颜色。

③ 为各图层设定线型。

④ 为各图层设定线宽。

4）文字样式设定（设定文字的外观形式）。

5）标注样式设定（设定尺寸标注的外观形式）。

6）绘制图形（如按 1:1 的比例绘制图形）。

7）设置图纸布局。

8）输入文字。

9）进行图案填充。

10）进行尺寸标注。

11）保存绘图文件。

12）输出（绘制好的图形可以通过打印设备输出到图纸上）。

3. AutoCAD 2010 的用户界面

双击"AutoCAD 2010 中文版"图标，进入 AutoCAD 2010 的用户界面。AutoCAD 2010 为用户提供了"二维草图与注释""AutoCAD 经典"以及"三维建模"3 个工作空间。图 1-1所示的是"二维草图与注释"工作空间的界面。对于新用户来说，可以直接从这个界面来学习 AutoCAD；对于老用户来说，如果习惯以往版本的界面，可以单击状态栏中的"切换工作空间"按钮，在弹出的快捷菜单中选择"AutoCAD 经典"命令，切换到如图 1-2 所示的"AutoCAD 经典"工作空间的界面。

与"AutoCAD 经典"工作空间相比，"二维草图与注释"工作空间的界面增加了功能区，缺少了菜单栏，下面将讲解这两个工作空间的常见界面元素（见图 1-1 和图 1-2）。

（1）标题栏　和以往的 AutoCAD 版本不一样，2010 版本丰富了标题栏的内容，除了在标题栏中可以看到当前图形文件的标题，可以看到"最小化""最大化"（还原）和"关闭"按钮之外，还增加了快速访问工具栏以及信息中心等。

在快速访问工具栏上，可以存储经常使用的命令，默认状态下，系统提供了"新建""打开""保存""打印""放弃"和"重做"等按钮。在快速访问工具栏上单击鼠标右键，然后单击"自定义快速访问工具栏"，打开"自定义用户界面"对话框，用户可以自定义访

图 1-1　AutoCAD 2010 "二维草图与注释" 工作空间的界面

图 1-2　"AutoCAD 经典" 工作空间的界面

问工具栏上的命令。

信息中心可以帮助用户同时搜索多个源（例如，帮助、新功能专题研习、网址和指定的文件），也可以搜索单个文件或某个具体的位置。

在 AutoCAD 2010 版本中，光标悬停在命令或控件上时，可以得到基本内容提示，其中包含对该命令或控件的概括说明、命令名、快捷键和命令标记；当光标在命令或控件上的悬停时间累积超过一特定数值时，将显示补充工具提示，这对新用户学习软件有很大的帮助。

（2）菜单栏　菜单栏仅在"AutoCAD 经典"工作空间的界面中存在，位于标题栏之下，系统默认有 11 个菜单项，如果选装了 Express Tools，则会出现一个 Express 菜单。用户选择任意一个菜单命令，会弹出一个相应的下拉菜单，可以从中选择相应的命令进行操作。

（3）工具栏　工具栏是含一些由图标组成的工具按钮的长条，单击工具栏上的相应按钮就能执行其所代表的命令。

在"AutoCAD 经典"工作空间的界面上，系统提供了"工作空间"工具栏、"标准"工具栏、"绘图"工具栏、"修改"工具栏等几个常用工具栏，用户想打开其他工具栏时，可以在任意一个工具栏上单击鼠标右键，在弹出的快捷菜单中选择相应的命令调出该工具栏即可。

（4）绘图窗口　绘图窗口是用户的工作窗口，用户所做的一切工作（如绘制图形、输入文本及标注尺寸等）均要在该窗口中得到体现。该窗口内的选项卡用于图形输出时模型空间和图纸空间的切换。

绘图窗口的左下方是坐标系（UCS）图标，它指示了绘图的方位。三维绘图会在很大程度依赖这个图标。图标上的 X 和 Y 指出了图形的 X 轴和 Y 轴方向。

（5）命令行提示区　命令行提示区是提供用户通过键盘输入命令的地方，位于绘图窗口的底部。用户可以通过鼠标放大或缩小该区。

通常命令行提示区最底下显示的信息为"命令："，表示 AutoCAD 正在等待用户输入指令。命令行提示区显示的信息是 AutoCAD 与用户的对话，记录了用户的历史操作。可以通过其右边的滚动条查看用户的历史操作。

（6）状态栏　状态栏位于 AutoCAD 2010 工作界面的底部。状态栏左侧显示十字光标当前的坐标位置，中间则显示辅助绘图的几个功能按钮，右侧显示一些常用的工具。

（7）十字光标　十字光标用于定位点、选择和绘制对象，由定点设备如鼠标等控制。当移动定点设备时，十字光标的位置会作相应的移动，就像手工绘图中的笔一样方便。

（8）功能区　功能区为与当前工作空间相关的操作提供了一个单一简洁的放置区域。使用功能区时无需再显示中文版 AutoCAD 2010 界面的多个工具栏，这使得应用程序窗口变得简洁有序。可以通俗地将功能区理解为集成的工具栏，它由选项卡组成，不同的选项卡下又集成了多个面板，不同的面板上放置了大量的某一类型的工具，如图 1-3 所示。

图 1-3　功能区

实 战 篇

1. AutoCAD 2010 的基本操作

（1）命令的输入与运行 AutoCAD 绘图需要输入必要的命令和参数。常用的命令输入方式包括三种：菜单输入、工具栏按钮输入和键盘输入。命令的执行以人机对话的方式来完成。

在命令运行的过程中，一般不能穿插运行其他命令，但有少数命令可以例外，这类命令称为透明命令，例如：zoom、pan、help 等。在作透明命令使用时，命令前需加"'"符号，以示区别，这类命令也可作常规命令使用。

1）命令的输入。在命令行显示"命令："提示符时，可用以下方法输入命令：

① 用下拉菜单输入命令。用鼠标单击下拉菜单中的菜单项以执行命令。

② 用工具栏按钮输入命令。用鼠标单击工具栏中的按钮，即执行该按钮对应的命令。

③ 用键盘输入命令。用键盘在 AutoCAD 命令行输入要执行命令的名称（不分大小写），然后按回车键或空格键执行命令。

一个命令有多种输入方法，下拉菜单输入命令不需要记住命令名称，但操作繁琐，适合输入不熟悉的命令；工具栏按钮输入命令直观、迅速，但受显示屏幕限制，不能将所有的工具栏都排列在屏幕上，适合输入最常用的命令；键盘输入命令迅速快捷，但要求熟记命令名称，适合输入常用的命令和级联菜单不易选取的命令。在实际操作中，往往三种方式结合使用。

2）命令执行过程中参数的输入。在命令执行过程中往往需要输入一些参数来控制命令的运行，这些可选参数常会显示在命令行中，按其提示，输入字母后回车，即可完成该参数的输入。

（2）命令的重复、中断、撤销与重做

1）命令的重复。命令的重复执行常用以下方法：

① 按回车键或空格键。

② 在绘图区单击鼠标右键，在快捷菜单中选择"重复××××命令"。

2）命令的中断。在命令执行的过程中，通常是不能穿插运行其他命令的（透明命令除外），欲中断当前命令的运行可以用键盘上的＜Esc＞键进行。命令中断后，在命令行显示"命令："提示符。

3）命令的放弃。命令的放弃有以下几种方法：

① 命令：undo。"undo"命令可以撤销刚才执行的命令。其使用没有次数限制，可以沿着绘图顺序一步一步后退，直至返回图形打开时的状态。

② 菜单："编辑"／"放弃"。

③ 按钮："标准"工具栏上的放弃按钮。

④ 快捷键：＜Ctrl＋Z＞。

4）命令的重做。命令的重做常用以下方法：

① 命令：redo。"redo"命令将刚刚放弃的操作重新恢复。"redo"命令必须在执行完"undo"命令之后立即使用，且仅能恢复上一步"undo"命令所放弃的操作。

② 菜单："编辑"／"重做"。

③ 按钮：标准工具栏上的撤销按钮。

④ 快捷键：＜Ctrl + Y＞。

（3）对象的删除和恢复　已绘制的图形对象，可以用"erase"命令对其进行删除操作，其方法有以下几种：

1）命令：erase。

2）菜单："修改"／"删除"。

3）按钮："修改"工具栏上的"删除"按钮。

4）快捷键：＜Delete＞。

运行"删除"命令后，命令行提示"选择对象："，此时可以用鼠标逐个选取欲删除的对象，然后回车，即可将其删除。

如果需要恢复被最后一个"erase"命令删除的对象，可以用"oops"命令完成这一操作。

（4）鼠标的使用　进入命令之后，需要根据命令提示区的提示输入命令参数，参数可能是一个数、一个点或一个图形对象等。拾取操作多使用鼠标完成，为了充分理解鼠标的功能，可进行如下操作：

1）建立新图形，不执行任何操作，将光标移动到图形的绘图窗口中。不难发现，在绘图区域中，AutoCAD 光标通常为十字交叉形式。

2）将光标移至菜单选项、工具按钮或对话框内，它会变成一个箭头。此时单击，能执行相应的菜单项或按钮的选择。

3）在命令行提示区中输入 L 并按〈Enter〉键，进入直线命令，光标变成如图 1-4a）所示的形式，命令行提示区中显示"指定第一点："，说明光标现在处于"拾取点"的状态，在绘图窗口内单击可以指定一点，此时命令行提示"指定下一点或［放弃（U）］："，再在绘图窗口单击可以指定另外一点，完成直线的绘制。

4）在命令行中输入 erase 并按〈Enter〉键，命令行提示区中显示"选择对象："，光标转化为如图 1-4b）所示的形状，此时光标处于拾取对象的状态，当光标置于直线对象上时，直线对象显示为高亮，单击则可以对此对象执行 erase（删除）操作，将其删除。

鼠标右键的快捷菜单还提供了一些有用的命令。单击鼠标右键得到如图 1-5a）所示的快捷菜单，如果按下＜Ctrl＞键同时单击鼠标右键，则系统弹出如图 1-5b）所示的快捷菜单，若当前有对象被选中，则单击鼠标右键弹出的快捷菜单根据所选对象而有所改变。

图 1-4　鼠标操作实例

图 1-5　鼠标右键快捷菜单

鼠标在绘图中能够引导系统弹出菜单，快捷菜单的内容是由单击鼠标右键的位置以及是否配合其他键来决定的，以方便快捷地完成一系列操作，包括命令和变量的输入、设置等。对于三键鼠标，弹出快捷菜单的通常是鼠标的中间键。

2. AutoCAD 2010 的文件操作

AutoCAD 2010 中常用的文件操作命令包括新建、打开、保存和另存为等。

（1）新建文件　命令：new 或菜单："文件"|"新建"。单击"标准"工具栏中的"新建"按钮，弹出对话框，如图 1-6 所示。在该对话框中，选择"无样板打开-公制"打开。

图 1-6　"选择样板"对话框

在"选择样板"对话框中设置新建的图形文件环境，如图 1-7 所示。样板是指已设置好基本绘图环境的".dwt"格式文件。使用样板可使新建的图形文件具有与样板相同的绘图环境，从而大大减少重复的绘图环境设置工作。

图 1-7　使用样板新建图形

(2) 打开文件并观察图形

1) 打开文件。命令: open 或菜单: "文件" | "打开"。输入命令或单击"打开"按钮后, 弹出对话框, 如图 1-8 所示。

图 1-8 "选择文件"对话框

在文件列表中双击文件名或单击后点按"打开"按钮, 将打开所选文件。如果文件不在列表中, 可从"查找范围"下拉列表中寻找目标文件夹。"打开"命令除了可以打开一个已存在的绘图文件外, 还包括以下功能:

① 同时打开多个文件。按住 < Ctrl > 键或 < Shift > 键, 同时用鼠标连续选取多个文件, 单击"打开"按钮, 即可将选中的所有文件全部打开。

② 以只读方式打开文件。以此方式打开的文件不可修改。

③ 局部打开文件。当文件中包括了命名视图时, 可以依照视图将图形中的某个视图及其相关的环境设定打开。单击"局部打开"按钮后, 从要加载几何图形的图层中选择要打开的图层, 然后单击"打开"按钮。

2) 视图缩放。命令: ZOOM (简写为 Z) 或菜单: "视图" | "缩放"。"缩放"工具栏如图 1-9 所示。相关参数 (从"缩放"工具栏左边按钮向右依次说明) 的含义如下:

图 1-9 "缩放"工具栏

特别提醒:

在使用"缩放"命令时

①"窗口": 指定窗口角点缩放。

②"动态": 动态显示图形。

③"比例": 根据输入的比例显示图形。

④"中心点": 指定中心点, 将该点作为窗口图形显示的中心。

---

⑤"缩放对象"：按照一定的比例来进行缩放。X 指相对于模型空间缩放，XP 指相对于图纸空间缩放。

⑥"放大"：实时缩放，按住鼠标左键向上拖拽，放大图形显示。

⑦"缩小"：实时缩放，按住鼠标左键向下拖拽，缩小图形显示。

⑧"全部"：在绘图窗口中显示整个图形，其范围取决于图形所占范围和绘图界限中较大的一个。

⑨"范围"：将图形在窗口中最大化显示。

3）视图平移。命令：pan（简写为 P）或菜单："视图"|"平移"|"实时"。执行该命令后，光标变成手状，按住鼠标左键移动，可以拖动视图一起移动。按 < Esc > 键或回车键退出，或单击鼠标右键在快捷菜单中选择需要的操作。

4）鼠标滚轮的缩放、平移功能。如果使用带滚轮的鼠标作为电脑外设，可以利用滚轮对图形进行缩放，向前滚动滚轮图形放大，向后滚动滚轮图形缩小，此操作类似"ZOOM"命令的"实时"缩放选项。

双击滚轮（或中间键）时，图形在当前窗口中最大化显示，此操作类似"ZOOM"命令中的"范围（E）"选项和按钮。

当在绘图区按下滚轮（或中间键）时，光标变成手状，此时图形将随着鼠标的移动而进行平移，此操作类似"pan"命令。

5）图形重生成。命令：regen（简写：RE）或菜单："视图"|"重生成"。在实行缩放和平移视图的过程中，常会碰到图形显示精度不足（这并不会影响图形的输出精度）的情形，或是平移、实时缩放不能再继续的情况，此时可用"regen"命令，重生成图形，解决上述问题。

（3）保存文件　命令：save 或菜单："文件"|"保存"或快捷键：< Ctrl + S >。如果编辑的文件已经命名，则系统不作任何提示，直接以当前文件名存盘；如果尚未命名，将弹出对话框，让用户确认保存路径和文件名后再保存。

（4）另存文件　命令：saveas 或菜单："文件"|"另存为"。执行该命令后，弹出对话框，如图 1-10 所示。在文件名文本框内输入文件的名称，若要改变文件存放的位置，可在"保存于"下拉列表中选取新的文件夹。要改变文件格式，可在"文件类型"下拉列表中选择需要的格式。

图 1-10　"图形另存为"对话框

AutoCAD 常用的文件格式有：

1）dwg 格式：此格式是 AutoCAD 的专用图形文件格式，不同版本的 AutoCAD 的图形文件格式不同，高版本的图形文件不能在低版本的 AutoCAD 中打开。

2）dwt 格式：此格式是 AutoCAD 的样板文件格式，建立样板文件对大量的绘图作业十分有用，可以避免重复劳动。

3）dxf 格式：此格式是一种通用数据交换文件格式，采用此格式的 AutoCAD 图形可以被其他设计软件读取。

4）bak 格式：此格式是 AutoCAD 的备份文件格式，AutoCAD 在打开文件的时候会自动建立同名的 .bak 文件。当图形文件出现错误不能正常打开时，可以修改 bak 后缀为 dwg，恢复以前的绘图工作。

3. AutoCAD 2010 的选择对象和使用帮助

（1）选择对象　在编辑过程中，不论是先下达编辑命令还是先选择编辑对象，都需要为编辑过程创建选择集。选择对象时，被选中的对象呈虚线或亮线，如图 1-11 所示。

图 1-11　选中对象呈虚线或亮线

当输入一条编辑命令或进行其他某些操作时，AutoCAD 一般会提示"选择对象："，表示要求用户从屏幕上选取操作的实体，此时十字光标框变成了一个小方框（称为选择框），我们也可以在命令行输入相应的参数，选用不同的实体选择方式。下面将对主要的选择方式进行介绍。

1）单击：将选择框直接移放到对象上，单击鼠标左键即可选择对象。

2）窗选：将选择框移动到图中空白处单击鼠标左键，AutoCAD 会接着提示"指定对角点："，此时将光标移动至另一位置后再单击左键，AutoCAD 会自动以这两个点作为矩形的对角顶点，确定一矩形窗口。若矩形窗口定义时移动光标是从左向右，则矩形窗口为蓝色实线，在窗口内部的对象均被选中，如图 1-12 所示。

图 1-12 左选矩形窗口实线

若矩形窗口定义时移动光标是从右向左，则矩形窗口为绿色虚线（此窗口称交叉窗口），不仅在窗口内部的对象被选中，与窗口边界相交的对象也被选中，如图 1-13 所示。

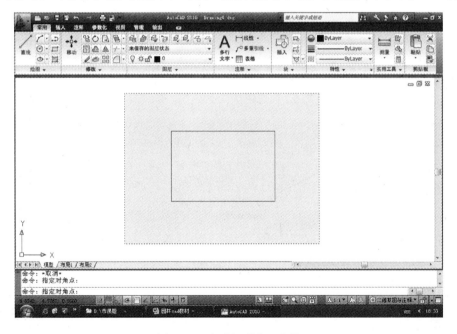

图 1-13 右选矩形窗口虚线

3) 全选：输入 ALL 后回车，自动选择图中所有对象。

4) 栏选：输入 F 后回车，进入栏选方式，选择与多段折线各边相交的所有对象，如图

1-14 所示。

图 1-14　栏选对象

5）围圈：输入 WP 后回车，进入围圈方式，选择任意封闭多边形内的所有对象，如图 1-15 所示。

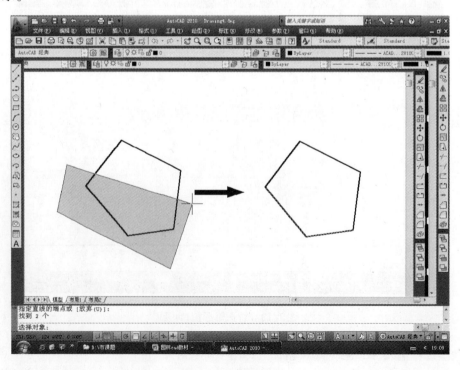

图 1-15　围圈对象

6）圈交：输入 CP 后回车，进入圈交方式，选择全部位于任意封闭多边形内及与多边形边界相交的所有对象，如图 1-16 所示。

图 1-16　圈交对象

（2）使用帮助　命令：help 或菜单：帮助/AutoCAD 帮助或快捷键＜F1＞。在"命令："提示符下使用帮助，系统将切换到帮助主题，可以在帮助目录中按分类查找或在索引中通过关键词查找相关信息，如图 1-17 所示。

图 1-17　帮助对话框

项目二

绘制足球场平面图

 学习目标

1. 熟悉绘图和编辑工具的使用。
2. 掌握直线、偏移、镜像、修剪、删除、圆弧、圆和标记圆心等的综合运用。
3. 掌握各工具使用过程中的注意事项。
4. 学会"足球场平面图"的绘制。

 学习难点

1. 用坐标法绘制直线。
2. 正确选择修剪对象进行合理修剪。

知 识 篇

【直线】 ＜line＞

1. 坐标法绘制直线

1）绝对坐标。表示方法为 X，Y。

【图例练习 1】用绝对坐标绘制图 2-1。

操作过程：单击"绘图"面板上的"直线"图标。

图 2-1 用绝对坐标绘图

命令：_line   （"直线"命令）

指定第一点：0，0   （回车）⊖

指定下一点或［放弃（U）］：0，50

指定下一点或［放弃（U）］：60，50

指定下一点或［闭合（C）/放弃（U）］：60，10

指定下一点或［闭合（C）/放弃（U）］：40，10

指定下一点或［闭合（C）/放弃（U）］：40，30

指定下一点或［闭合（C）/放弃（U）］：20，30

指定下一点或［闭合（C）/放弃（U）］：c   （回车）

特别提醒：

使用绝对坐标绘图必须明确指定绘图第一点的具体坐标，如（0，0）或（10，10）或（20，10）等均可，但为便于绘图，通常选择原点（0，0）为起始点坐标。

2）相对坐标。表示方法为@X，Y。

【图例练习2】用相对坐标绘制图 2-2。

图 2-2 用相对坐标绘图

操作过程：单击"绘图"面板上的"直线"图标。

命令：_line 指定第一点   （在窗口任意位置单击鼠标左键，确定第一点）

指定下一点或［放弃（U）］：@50，0

指定下一点或［放弃（U）］：@0，30

指定下一点或［闭合（C）/放弃（U）］：@ -40，0

指定下一点或［闭合（C）/放弃（U）］：c   （回车）

⊖ 命令语句之间的衔接一般需回车。为方便起见，本书只对有重要作用的回车作提示，一般情况作省略处理。

——编者注

特别提醒:

相对坐标总是后一点相对于前一点的坐标,求某一点坐标就是把坐标系原点平移到前一点,在这时的点坐标前加上"@"符号即为所求坐标,如相对坐标可表示为"@20,20"。

3) 相对极坐标。表示方法为@$L < \theta$。

【图例练习3】用相对极坐标绘制图2-3。

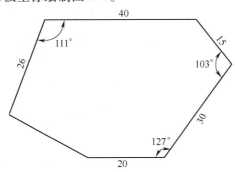

图2-3 用相对极坐标绘图

操作过程:单击"绘图"面板上的"直线"图标。

```
命令:_line
指定第一点:                                    (在窗口任意位置单击鼠标左键,确定第一点)
指定下一点或[放弃(U)]:@20 < 0
指定下一点或[放弃(U)]:@30 < 53
指定下一点或[闭合(C)/放弃(U)]:@15 < 130
指定下一点或[闭合(C)/放弃(U)]:@40 < 180
指定下一点或[闭合(C)/放弃(U)]:@2.6 < -111
指定下一点或[闭合(C)/放弃(U)]:c                                  (回车)
```

特别提醒:

相对极坐标也是后一点相对于前一点的坐标,求某一点坐标就是把坐标系原点平移到前一点,这时两点间距离和角度前再加上"@"符号即为所求坐标,如相对极坐标可表示为"@20 < 30",即两点间距离为20,角度为30度。

AutoCAD绘图计算角度时,以X轴正方向为0度,逆时针旋转为正,顺时针旋转为负。

2. 正交模式绘制直线

【图例练习4】用正交法绘制图2-4。

操作过程:单击下方状态栏上的

图2-4 用正交法绘图

"正交"图标，打开"正交"或使用快捷键＜F8＞切换为正交模式。

命令：_line
指定第一点：＜正交 开＞　　　　　（在窗口任意位置单击鼠标左键，确定第一点）
指定下一点或［放弃（U）］：50
指定下一点或［放弃（U）］：30
指定下一点或［闭合（C）/放弃（U）］：50
指定下一点或［闭合（C）/放弃（U）］：30
指定下一点或［闭合（C）/放弃（U）］：　　　　　　　　　　　　　　（回车）

特别提醒：

在绘制水平和垂直直线时，为减少绘图误差，可打开正交模式，约束光标在水平或垂直方向上移动，但必须先移动光标确定所绘直线的方向后再输入其长度值，因此也称为方向距离法。

3. 自动追踪绘制直线

自动追踪有两种方式，一种为极轴追踪，另一种为对象追踪（也称为对象捕捉追踪）。

1）极轴追踪绘制直线：快捷键＜F10＞。

【图例练习5】用极轴追踪绘制图2-5的矩形。

操作过程：在状态栏的"极轴"按钮上单击鼠标右键，在弹出的菜单中选择"设置"，打开"草图设置"对话框，如图2-6所示。勾选"启用极轴追踪"复选框，确认"角增量"为90；勾选"附加角"复选框，并新建一个52°的附加角，并选择"用所有极轴角设置追踪"复选框；设定"极轴角测量"为"相对上一段"，按"确定"按钮结束设置。

图2-5　用极轴追踪绘图

图2-6　极轴追踪设置

·18·

命令：_line
指定第一点：（在窗口任意位置单击鼠标左键，确定第一点）
指定下一点或［放弃（U）］：60
指定下一点或［放弃（U）］：30
指定下一点或［闭合（C）/放弃（U）］：60
指定下一点或［闭合（C）/放弃（U）］：30
指定下一点或［闭合（C）/放弃（U）］：（回车）

特别提醒：
极轴追踪与正交模式相似，但其角度设定更为灵活，而且与对象捕捉结合使用时，还可捕捉追踪线与图线的交点。

2）对象追踪绘制直线：快捷键为＜F11＞。
【图例练习6】用对象追踪绘制图2-7的图形。
操作过程：在状态栏的"对象追踪"按钮上单击鼠标右键，在弹出的菜单中选择"设置"，打开"草图设置"对话框，如图2-8所示。勾选"启用极轴追踪"复选框，确认"角增量"为10；选择"用所有极轴角设置追踪"复选框，并设定"极轴角测量"为"绝对"，按"确定"按钮结束设置。

图2-7 用对象追踪绘图

图2-8 对象追踪设置

命令：_line
指定第一点：＜对象捕捉追踪 开＞＜对象捕捉 开＞＜极轴 开＞
（在窗口任意位置单击鼠标左键，确定第一点）
指定下一点或［放弃（U）］：40
（将光标移至0°极轴线附近，出现0°追踪线，输入40）
指定下一点或［放弃（U）］：30
（将光标移至90°极轴线附近，出现90°追踪线，输入30）

指定下一点或 [闭合 (C)/放弃 (U)]：10

        （将光标移至 10°极轴线附近，出现 10°追踪线，输入 10）

指定下一点或 [闭合 (C)/放弃 (U)]：10

        （将光标移至 100°极轴线附近，出现 100°追踪线，输入 10）

指定下一点或 [闭合 (C)/放弃 (U)]：

        （将光标从长度 30 的线段下端逐步向上移动，出现 90°追踪线和 190°极轴线

        交叉点时，单击左键选取交点位置）

指定下一点或 [闭合 (C)/放弃 (U)]：10

        （将光标移至 90°极轴线附近，出现 90°追踪线，输入 10）

指定下一点或 [闭合 (C)/放弃 (U)]：

        （将光标从长度 40 的线段左端逐步向上移动，出现 90°追踪线和 180°极轴线

        交叉点时，单击左键选取交点位置）

指定下一点或 [闭合 (C)/放弃 (U)]：（光标捕捉长度 40 的线段左端点，并回车）

特别提醒：

    对象追踪必须在对象捕捉、对象追踪模式同时打开时方可使用，且与极轴打开并用以方便绘图，取得更好的效果。它可在对象捕捉点发出各极轴方向的追踪线，这样就很容易地获取追踪线上的点，同时还可捕捉到追踪线与图线、追踪线与追踪线的交点。

4. 对象捕捉绘图

    对象捕捉可以帮助我们快速、准确地定位图形对象中的特征点，提高绘图的精度和工作效率。对象捕捉有两种使用方式，即一次性捕捉和连续性捕捉。

    【图例练习 7】用对象捕捉绘制图 2-9 图形中的 *AD* 和 *BC* 线。

图 2-9 对象捕捉绘制切线

操作过程：单击下方状态栏上的"对象捕捉"图标，打开"对象捕捉"。

命令：_line

指定第一点：   （光标移至 *A* 点，出现黄色方框和"端点"时，单击鼠标左键）

指定下一点或 [放弃 (U)]： （再将光标移至 *D* 点，出现黄色方框和"端点"时，

        单击鼠标左键并回车，如图 2-10 所示）

命令：LINE

指定第一点：   （光标移至 *B* 点，捕捉端点 *B*，单击鼠标左键）

指定下一点或［放弃（U）］：

（再将光标移至 C 点，出现黄色方框和"端点"时，单击鼠标左键并回车）

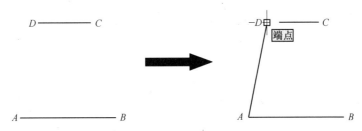

图 2-10　对象捕捉绘制直线 AB

特别提醒：

1）只有在绘图过程中出现输入点的提示时，方可使用对象捕捉。否则，将视为无效命令。

2）一次性捕捉只适合少量、间断性对象特征点捕捉，属临时性对象捕捉。捕捉完成后，该对象捕捉功能就自动关闭。

3）一次性捕捉调用方法可通过"对象捕捉"工具栏（见图 2-11）或 <Shift> + 鼠标右键"调出的快捷菜单（见图 2-12）来完成。

图 2-11　"对象捕捉"工具栏

4）连续性捕捉可通过工具菜单的"草图设置"对话框中"对象捕捉"选项卡进行设置（见图 2-13），也可在状态栏中的"对象捕捉"按钮上单击鼠标右键，从快捷菜单中选择"设置"，打开"草图设置"对话框。

图 2-12　对象捕捉快捷菜单

图 2-13　对象捕捉设置选项卡

5）在对象密集的图形中使用连续性捕捉，往往不容易选准所需的特征点，此时可用一次性捕捉方式进行捕捉。

6）如在绘图中需要暂时关闭对象捕捉模式，可按＜F3＞键或单击状态栏中的"对象捕捉"按钮，暂时关闭对象捕捉模式。

【偏移】 ＜offset＞

"偏移"命令可以创建一个与选择对象形状相似（形状可以缩小或扩大），但有一定偏距的图形。

【图例练习8】用"偏移"命令绘制道路斑马线，如图2-14所示。

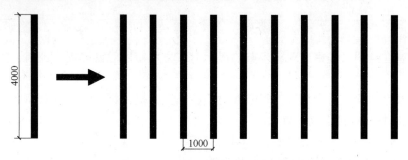

图2-14 偏移命令绘制道路斑马线

操作过程：单击修改工具条上的"偏移"图标。

命令：_offset	（"偏移"命令）
指定偏移距离或［通过（T）］＜通过＞：1000	（回车）
选择要偏移的对象或 ＜退出＞：	（选择要偏移的直线）
指定点以确定偏移所在一侧：	（在其右侧任意点击一下）
选择要偏移的对象或 ＜退出＞：	（选择刚才偏移所生成的直线）
指定点以确定偏移所在一侧：	（在其右侧任意点击一下）
选择要偏移的对象或 ＜退出＞：	（依次类推完成其余线段，并回车）

【图例练习9】用"偏移"命令绘制图2-15。

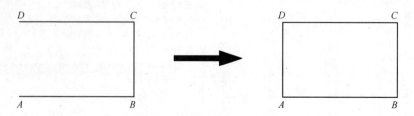

图2-15 偏移命令绘图

操作过程：单击"修改"面板上的"偏移"图标。

```
命令：_offset                                                      （"偏移"命令）
当前设置：删除源＝否　图层＝源　OFFSETGAPTYPE＝0
指定偏移距离或〔通过（T）/删除（E）/图层（L）〕＜通过＞：T
选择要偏移的对象，或〔退出（E）/放弃（U）〕＜退出＞：
                                                      （选择要偏移的直线BC）
指定通过点或〔退出（E）/多个（M）/放弃（U）〕＜退出＞：　（捕捉点D）
选择要偏移的对象，或〔退出（E）/放弃（U）〕＜退出＞：　　（回车）
```

特别提醒：

在使用"偏移"命令过程中，相关参数的含义为：

1）指定偏移距离：输入偏移距离，该距离可通过键盘键入，也可通过选取两点来确定。

2）通过（T）：指定偏移的对象将通过随后选取的点。

3）选择要偏移的对象或＜退出＞：选择欲偏移的对象，回车则退出偏移命令。

4）指定点以确定偏移所在一侧：指定点来确定偏移的方向。

【镜像】　＜mirror＞

【图例练习10】用"镜像"命令绘图，由等边三角形*ABC*变为菱形*ABCD*，如图2-16所示。

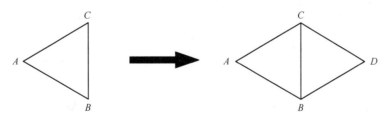

图2-16　镜像命令绘图

操作过程：单击"修改"面板上的"镜像"图标。

```
命令：_mirror                                                      （"镜像"命令）
选择对象：                                               （选择边AB和AC）
选择对象：                                                         （回车）
指定镜像线的第一点：                               （选择BC边作为镜像线）
是否删除源对象？〔是（Y）/否（N）〕＜N＞：                      （回车）
```

特别提醒：

该命令一般用于对称图形，可以只绘制其中的一半甚至1/4，然后采用"镜像"命令来产生其他对称的部分。

【修剪】 < trim >

绘图中经常需要修剪图形，将超出的部分去掉，以便使图形精确相交。修剪命令是以指定的对象为边界，将要修剪的对象剪去超出部分。

【图例练习11】将图2-17中的左图修剪成右图所示。

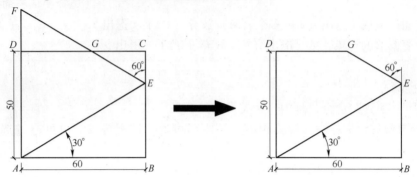

图2-17 修剪命令的应用

操作过程： 单击"修改"面板上的"修剪"图标。

命令：_trim （"修剪"命令）

当前设置：投影 = UCS，边 = 延伸

选择剪切边…

选择对象或 <全部选择>： （单击所要选择的 EF 边）

选择对象： （回车）

选择要修剪的对象，或按住 Shift 键选择要延伸的对象，或

[栏选（F）/窗交（C）/投影（P）/边（E）/删除（R）/放弃（U）]：

（单击所要修剪的 EC 和 GC 边，并回车）

DF 和 GF 边的修剪同 EC 和 GC 边。

特别提醒：

在使用"修剪"命令过程中，相关参数的含义为：

1）修剪工具中第一个选择对象为"选择剪切边"，可以准确选择某边，也可以不加考虑地选择图中所有对象，确定后再选择所要剪去的边。

2）选择剪切边→选择对象：提示选择对象作为剪切边界。

3）选择要修剪的对象：选择想修剪的对象。

4）投影（P）：在三维对象（非 XY 平面对象）修剪时，指定边界对象的投影方式。在 XY 平面对象修剪时可不设定此选项。

5）放弃（U）：放弃最后进行的一次修剪操作。

6）边（E）：确定对象是修剪到边界的延长交点还是修剪到边界的实际交点。

7）延伸（E）：指定对象修剪到边界的延长交点。

8）不延伸（N）：指定对象修剪到边界的实际交点。

【删除】 < erase >

【图例练习 12】用"删除"工具绘制图 2-18 所示的图形。

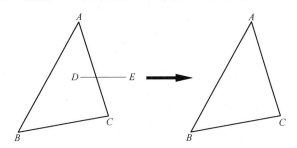

图 2-18 删除直线 DE

操作过程:单击"修改"面板的"删除"图标,选中直线 DE,单击鼠标右键或按空格键或回车(确定所选对象)。

【圆弧】 < arc >

【图例练习 13】用"圆弧"工具绘制图 2-19 所示图形。

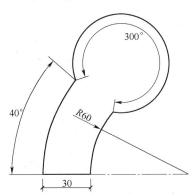

图 2-19 用圆弧工具绘图(一)

操作过程:

1)首先绘制长度分别为 30 和 60 的连续两段线。

```
命令:_line                                      (打开正交)
指定第一点:                    (在窗口任意位置单击鼠标左键,确定第一点)
指定下一点或 [放弃(U)]:30
指定下一点或 [放弃(U)]:60
指定下一点或 [闭合(C)/放弃(U)]:              (回车)
```

2)然后单击"绘图"面板上的"圆弧"图标。

命令：_arc

指定圆弧的起点或［圆心（C）］： （捕捉长度 30 单位线的左端点）

指定圆弧的第二个点或［圆心（C）/端点（E）］：c

指定圆弧的圆心： （捕捉长度 60 单位线的右端点）

指定圆弧的端点或［角度（A）/弦长（L）］：a

指定包含角：-40

命令：ARC

指定圆弧的起点或［圆心（C）］： （捕捉长度 30 单位线的右端点）

指定圆弧的第二个点或［圆心（C）/端点（E）］：c

指定圆弧的圆心： （捕捉长度 60 单位线的右端点）

指定圆弧的端点或［角度（A）/弦长（L）］：-40

3）最后用"圆弧"工具绘制 300°的弧。

命令：ARC

指定圆弧的起点或［圆心（C）］： （捕捉右弧线上端点）

指定圆弧的第二个点或［圆心（C）/端点（E）］：e

指定圆弧的端点： （捕捉左弧线上端点）

指定圆弧的圆心或［角度（A）/方向（D）/半径（R）］：a

指定包含角：300 （回车）

【图例练习 14】用"圆弧"工具绘制图 2-20 所示的图形。

图 2-20　用"圆弧"工具绘图（二）

操作过程：

1）绘制长度为 20 的连续四段直线。

2）单击"绘图"面板上的"圆弧"图标，自左向右依次用起点、端点和角度条件绘制圆弧。

命令：_arc

指定圆弧的起点或 [圆心（C）]： （捕捉端点）

指定圆弧的第二个点或 [圆心（C）/端点（E）]：e

指定圆弧的端点： （捕捉端点）

指定圆弧的圆心或 [角度（A）/方向（D）/半径（R）]：a

指定包含角：－180

命令：ARC

指定圆弧的起点或 [圆心（C）]： （捕捉端点）

指定圆弧的第二个点或 [圆心（C）/端点（E）]：e

指定圆弧的端点： （捕捉端点）

指定圆弧的圆心或 [角度（A）/方向（D）/半径（R）]：a

指定包含角：180

命令：ARC

指定圆弧的起点或 [圆心（C）]： （捕捉端点）

指定圆弧的第二个点或 [圆心（C）/端点（E）]：e

指定圆弧的端点： （捕捉端点）

指定圆弧的圆心或 [角度（A）/方向（D）/半径（R）]：a

指定包含角：－180

命令：ARC

指定圆弧的起点或 [圆心（C）]： （捕捉端点）

指定圆弧的第二个点或 [圆心（C）/端点（E）]：e

指定圆弧的端点： （捕捉端点）

指定圆弧的圆心或 [角度（A）/方向（D）/半径（R）]：a

指定包含角：180

命令：ARC

指定圆弧的起点或 [圆心（C）]： （捕捉端点）

指定圆弧的第二个点或 [圆心（C）/端点（E）]：e

指定圆弧的端点： （捕捉端点）

指定圆弧的圆心或 [角度（A）/方向（D）/半径（R）]：a

指定包含角：－180

命令：ARC

指定圆弧的起点或 [圆心（C）]： （捕捉端点）

指定圆弧的第二个点或 [圆心（C）/端点（E）]：e

指定圆弧的端点： （捕捉端点）

指定圆弧的圆心或 [角度（A）/方向（D）/半径（R）]：a

指定包含角：180

命令：_erase

选择对象：找到1个

选择对象：找到 1 个，总计 2 个

选择对象：找到 1 个，总计 3 个

选择对象：找到 1 个，总计 4 个

选择对象：   （回车）

特别提醒：

1）使用下拉菜单绘制圆弧的过程中，各项参数是明确的，不需再选择参数。

2）如使用"arc"命令或按钮绘制圆弧，则需根据已知条件和命令行提示，逐项选择参数。

3）输入角度或长度时，正负值会影响圆弧的绘制方向。

【圆】 < circle >

【图例练习 15】用"圆"工具绘制图 2-21 所示的图形。

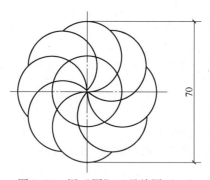

图 2-21　用"圆"工具绘图（一）

操作过程：

1）绘制"十"字形中心线，如图 2-22 所示。

图 2-22　绘制中心线

命令：_line
指定第一点：　　　　　（打开"正交"，在窗口任意位置单击鼠标左键，确定第一点）
指定下一点或［放弃（U）］：　　　　　　　　（在窗口任意位置指定第二点）
指定下一点或［放弃（U）］：　　　　　　　　　　　　　　　　（回车）
命令：LINE
指定第一点：　　　　　　　（在窗口任意位置单击鼠标左键，确定第一点）
指定下一点或［放弃（U）］：　　　　　　　　（在窗口任意位置指定第二点）
指定下一点或［放弃（U）］：　　　　　　　　　　　　　　　　（回车）

2）绘制中心圆和水平、垂直方向上的圆。单击"绘图"面板上的"圆"图标，绘制5个圆，如图2-23所示。

图2-23　绘制5个圆

命令：_circle
指定圆的圆心或［三点（3P）/两点（2P）/相切、相切、半径（T）］：
　　　　　　　　　　　　　　　　　　　　　　　（捕捉"十"线交点）
指定圆的半径或［直径（D）］：d
指定圆的直径：35
命令：CIRCLE
指定圆的圆心或［三点（3P）/两点（2P）/相切、相切、半径（T）］：
　　　　　　　　　　　　　　　　　（捕捉圆与垂直线的上交点）
指定圆的半径或［直径（D）］〈17.5000〉：　　　　　　（回车）
用同样的方法绘制剩下的3个圆。

3）绘制45°倍数线，如图2-24所示。

图 2-24 绘制 45°倍数线

命令：_line
指定第一点：   （捕捉外围两圆的 1 个交点）
指定下一点或 ［放弃（U）］：   （捕捉外围两圆交点相对的另一交点）
指定下一点或 ［放弃（U）］：   （回车）
命令：LINE
指定第一点：   （捕捉外围两圆的 1 个交点）
指定下一点或 ［放弃（U）］：   （捕捉外围两圆交点相对的另一交点）
指定下一点或 ［放弃（U）］：   （回车）

4）绘制 45°倍数线上的 4 个圆，如图 2-25 所示。

图 2-25 绘制 4 个圆

命令：_circle
指定圆的圆心或［三点（3P）/两点（2P）/相切、相切、半径（T）］：
（捕捉45°线与中心圆的交点）
指定圆的半径或［直径（D）］＜17.5000＞：
（回车）

用同样的方法分别捕捉45°倍数线与中心圆其他的3个交点，并以这3个交点为圆心，绘制3个半径为17.5的圆。4个圆的绘制如图2-25所示。

5）按照题意要求，剪去多余的弧线。先单击"修改"面板的"删除"图标，删除两条45°倍数线。

命令：_erase
（"删除"命令）
选择对象：
（选择45°倍数线）
选择对象：
（选择45°倍数线的另一条，总计2个，回车）

再单击"修改"面板的"修剪"图标，选择整个图形，剪去多余的弧线。

命令：_trim
（"修剪"命令）
当前设置：投影＝UCS，边＝延伸
选择剪切边...
选择对象或＜全部选择＞：指定对角点：找到11个
选择对象：
选择要修剪的对象，或按住Shift键选择要延伸的对象，或
命令：TRIM
当前设置：投影＝UCS，边＝延伸
选择剪切边...
选择对象：指定对角点：找到8个
选择对象：
（回车）
选择要修剪的对象，或按住Shift键选择要延伸的对象，或
［投影（P）/边（E）/放弃（U）］：（逐步选中要删除的圆弧，剪去所有多余的弧线）

【图例练习16】用"圆"工具绘制图2-26所示的图形。

图2-26 用"圆"工具绘图（二）

操作过程：

1）绘制长度为 30 的水平线段。

2）绘制直径分别为 20 和 30 的圆。

3）绘制直径为 60 的相切圆和半径为 20 的相切圆弧的圆。

命令：circle

指定圆的圆心或［三点（3P）/两点（2P）/相切、相切、半径（T）］：t

指定对象与圆的第一个切点：　　　　　　　　　　　（对照图 2-26 进行切点捕捉）

指定对象与圆的第二个切点：　　　　　　　　　　　（对照图 2-26 进行切点捕捉）

指定圆的半径 ＜15.0000＞：20　　　　　　　　　　　　　　　　　　（回车）

命令：CIRCLE

指定圆的圆心或［三点（3P）/两点（2P）/相切、相切、半径（T）］：t

指定对象与圆的第一个切点：

指定对象与圆的第二个切点：

指定圆的半径 ＜20.0000＞：30　　　　　　　　　　　　　　　　　　（回车）

4）剪去多余的圆弧。

命令：_trim

当前设置：投影＝UCS，边＝延伸

选择剪切边…

选择对象：找到 1 个

选择对象：找到 1 个，总计 2 个

选择对象：　　　　　　　　　　　　　　　　　　　　　　　　　　　（回车）

选择要修剪的对象，或按住 Shift 键选择要延伸的对象，或［投影（P）/边（E）/放弃（U）］：　　　　　　　　　　　　　　　　　　　（对照图 2-26，剪去多余对象）

选择要修剪的对象，或按住 Shift 键选择要延伸的对象，或［投影（P）/边（E）/放弃（U）］：　　　　　　　　　　　　　　　　　　　　　　　　　　　（回车）

【圆心标记】 ＜dimcenter＞

【图例练习 17】 用"圆心标记"工具标记图 2-27 所示的图形。

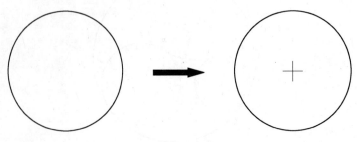

图 2-27 标记圆心

操作过程:

命令: _dimcenter （"圆心标记"命令）
（单击"标注"菜单中的"圆心标记"或"标注"工具条中的"圆心标记"）
选择圆弧或圆: （选择图中的圆）

实 战 篇

【图例练习】绘制足球场平面图, 如图 2-28 所示。

比例尺1:1000

图 2-28　绘制足球场平面图

操作过程:

1) 绘制边线和底线。

2) 绘制大禁区和小禁区。用"偏移"工具绘制直线, 用"修剪"工具剪去多余的对象。

① 将上、下边线分别向内偏移5000, 可得水平方向大禁区线的所属线段。

命令: _offset （"偏移"命令）
指定偏移距离或［通过（T）］＜通过＞: 5000
选择要偏移的对象或 ＜退出＞: （选择下边线）
指定点以确定偏移所在一侧: （在下边线的上方任意指定一点）
选择要偏移的对象或 ＜退出＞: （选择上边线）
指定点以确定偏移所在一侧: （在上边线的下方任意指定一点）
选择要偏移的对象或 ＜退出＞: （回车）

② 将左、右底线分别向内偏移6000, 可得竖直方向小禁区线的所属线段。

命令：_offset	（"偏移"命令）
指定偏移距离或［通过（T）］＜5000＞：6000	
选择要偏移的对象或 ＜退出＞：	（选择左底线）
指定点以确定偏移所在一侧：	（在左底线的右边任意指定一点）
选择要偏移的对象或 ＜退出＞：	（选择右底线）
指定点以确定偏移所在一侧：	（在右底线的左方任意指定一点）
选择要偏移的对象或 ＜退出＞：	（回车）

③ 将左、右底线分别向内偏移 17000，可得竖直方向大禁区线的所属线段。

命令：_offset	（"偏移"命令）
指定偏移距离或［通过（T）］＜6000＞：17000	
选择要偏移的对象或 ＜退出＞：	（选择左底线）
指定点以确定偏移所在一侧：	（在左底线的右边任意指定一点）
选择要偏移的对象或 ＜退出＞：	（选择右底线）
指定点以确定偏移所在一侧：	（在右底线的左方任意指定一点）
选择要偏移的对象或 ＜退出＞：	（回车）

④ 将上、下边线分别向内偏移 11000，可得水平方向小禁区的所属线段。

命令：_offset	（"偏移"命令）
指定偏移距离或［通过（T）］＜17000＞：11000	
选择要偏移的对象或 ＜退出＞：	（选择下边线）
指定点以确定偏移所在一侧：	（在下边线的上方任意指定一点）
选择要偏移的对象或 ＜退出＞：	（选择上边线）
指定点以确定偏移所在一侧：	（在上边线的下方任意指定一点）
选择要偏移的对象或 ＜退出＞：	（回车）

⑤ 修剪多余的线段，形成图 2-28 的大、小禁区。

命令：_trim	（"修剪"命令）
当前设置：投影＝UCS，边＝无	
选择剪切边…	
选择对象：指定对角点：找到 12 个	
选择对象：	（回车）
选择要修剪的对象，或按住 Shift 键选择要延伸的对象，或［投影（P）/边（E）/放弃（U）］：	（用鼠标左键单击选择多余的对象，修剪完后回车）

3）标记发球弧圆心。用"偏移"工具绘制直线。

① 将左、右底线分别向内偏移 11000，可得竖直方向标记线段。

```
命令：_offset                                    （"偏移"命令）
指定偏移距离或［通过（T）］＜16000＞：11000
选择要偏移的对象或＜退出＞：                        （选择左底线）
指定点以确定偏移所在一侧：            （在左底线的右边任意指定一点）
选择要偏移的对象或＜退出＞：                        （选择右底线）
指定点以确定偏移所在一侧：            （在右底线的左方任意指定一点）
选择要偏移的对象或＜退出＞：                            （回车）
```

② 将上或下底线向内偏移25000，可得水平方向标记线段。

```
命令：_offset                                    （"偏移"命令）
指定偏移距离或［通过（T）］＜11000＞：25000
选择要偏移的对象或＜退出＞：                        （选择下边线）
指定点以确定偏移所在一侧：            （在下边线的上方任意指定一点）
选择要偏移的对象或＜退出＞：                            （回车）
```

4）绘制发球弧的两端点。将3）中②得到的水平方向标记线段分向上、向下偏移7500，可得发球弧两端点。

```
命令：_offset                                    （"偏移"命令）
指定偏移距离或［通过（T）］＜25000＞：7500
选择要偏移的对象或＜退出＞：        （选择球场下边线的上方25000偏移线）
指定点以确定偏移所在一侧：                （在其下方任意指定一点）
选择要偏移的对象或＜退出＞：        （选择球场下边线的上方25000偏移线）
指定点以确定偏移所在一侧：                （在其上方任意指定一点）
选择要偏移的对象或＜退出＞：                            （回车）
```

5）用"圆弧"工具绘制半径为7500的发球弧。

```
命令：_arc                                      （"圆弧"命令）
指定圆弧的起点或［圆心（C）］：                （捕捉左边发球弧端点）
指定圆弧的第二个点或［圆心（C）/端点（E）］：e
指定圆弧的端点：                      （捕捉左边发球弧另一个端点）
指定圆弧的圆心或［角度（A）/方向（D）/半径（R）］：     （捕捉圆心）
命令：ARC
指定圆弧的起点或［圆心（C）］：                （捕捉右边发球弧端点）
指定圆弧的第二个点或［圆心（C）/端点（E）］：e
指定圆弧的端点：                      （捕捉右边发球弧另一个端点）
指定圆弧的圆心或［角度（A）/方向（D）/半径（R）］：     （捕捉圆心）
```

6）绘制中圈和中线。

```
命令：_circle                                          （"圆"命令）
指定圆的圆心或［三点（3P）/两点（2P）/相切、相切、半径（T）］：   （捕捉圆心）
指定圆的半径或［直径（D）］＜4.5000＞：9000
命令：_erase                                           （"删除"命令）
找到1个：                                              （选择直线）
命令：_line
指定第一点：                                            （捕捉中点）
指定下一点或［放弃（U）］：                                 （捕捉中点）
指定下一点或［放弃（U）］：                                 （回车）
命令：_erase                                           （"删除"命令）
找到3个：                                              （选择直线）
命令：_dimcenter                                       （标记圆心）
选择圆弧或圆：                                          （选择圆弧）
命令：_dimcenter                                       （"标记圆心"命令）
选择圆弧或圆：                                          （选择圆弧）
命令：_erase                                           （"删除"命令）
找到2个：                                              （选择直线，回车）
```

提 高 篇

【图例练习1】绘制图2-29所示的图形。

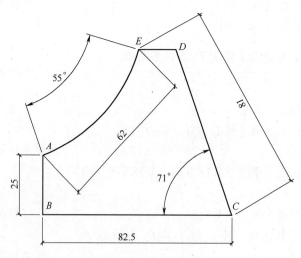

图2-29　绘制几何图形（一）

操作过程： 先绘制线段 *AB*、*BC*；再绘制半径分别为62和81的两个圆，求得交点 *E*；最后以 *A*、*E* 为端点绘弧 $\overset{\frown}{AE}$ 和绘制直线 *ED*，并删除多余线条。

1）绘制长度为 25 和 82.5 的直线 *AB* 和 *BC*，以及长度自定为 100 和角度为 109°（180°−71°）的直线 *DC*。

```
命令：_line
指定第一点：                    （在窗口任意位置单击鼠标左键，确定第一点 B）
指定下一点或［放弃（U）］：＜正交 开＞ 25
指定下一点或［放弃（U）］：82.5
指定下一点或［闭合（C）/放弃（U）］：@100＜109
指定下一点或［闭合（C）/放弃（U）］：                                   （回车）
```

2）绘制半径分别为 62 和 81 的两个圆。

```
命令：_circle
指定圆的圆心或［三点（3P）/两点（2P）/相切、相切、半径（T）］：
                                        （捕捉垂直线 25 的上端点 A 端点）
指定圆的半径或［直径（D）］＜5.5431＞：62
命令：CIRCLE
指定圆的圆心或［三点（3P）/两点（2P）/相切、相切、半径（T）］：
                                        （捕捉水平线 82.5 的右端点 C）
指定圆的半径或［直径（D）］＜62.0000＞：81
```

3）根据起点 *A*、端点 *E* 和角度 55°绘制圆弧。

```
命令：_arc                                              （"圆弧"命令）
指定圆弧的起点或［圆心（C）］：                            （捕捉端点 A）
指定圆弧的第二个点或［圆心（C）/端点（E）］：e
指定圆弧的端点：                                         （捕捉端点 E）
指定圆弧的圆心或［角度（A）/方向（D）/半径（R）］：a
指定包含角：55
```

4）绘制直线 *ED*。

```
命令：_line
指定第一点：                                             （捕捉端点 E）
指定下一点或［放弃（U）］：                              （任意制定水平线右端点）
指定下一点或［放弃（U）］：                                （回车）
命令：_erase 找到 2 个                                    （删除两个辅助圆）
```

5）修剪多余线段。

```
命令：_trim
当前设置：投影＝UCS，边＝延伸
选择剪切边…
```

选择对象：找到 1 个

选择对象：指定对角点：找到 0 个

选择对象：找到 1 个，总计 2 个

选择对象： （回车）

选择要修剪的对象，或按住 Shift 键选择要延伸的对象，或［投影（P）/边（E）/放弃（U）］： （对照图 2-29，剪去多余的对象）

选择要修剪的对象，或按住 Shift 键选择要延伸的对象，或［投影（P）/边（E）/放弃（U）］： （回车）

【图例练习 2】绘制图 2-30 所示的图形。

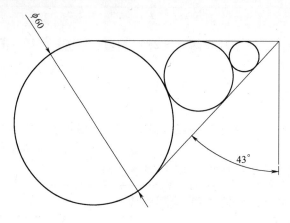

图 2-30 绘制几何图形（二）

操作过程：本例的关键是画出偏垂直方向 43°的斜线，长度任意指定。

1）绘制偏垂直方向 43°的斜线。

命令：_line

指定第一点：＜正交 开＞ （任意制定水平线左端点）

指定下一点或［放弃（U）］： （任意制定水平线右端点）

指定下一点或［放弃（U）］： （任意制定垂直线下端点）

指定下一点或［闭合（C）/放弃（U）］： （回车）

命令：LINE （画出偏垂直方向 43°的斜线）

指定第一点： （捕捉水平线与垂直线的交点）

指定下一点或［放弃（U）］：＜正交 关＞@100＜－133

指定下一点或［放弃（U）］： （回车）

2）绘制直径为 60 并与两线相切的圆。

命令：_circle

指定圆的圆心或［三点（3P）/两点（2P）/相切、相切、半径（T）］：t

指定对象与圆的第一个切点：	（见图2-30）
指定对象与圆的第二个切点：	（见图2-30）
指定圆的半径：30	（回车）

3）绘制与圆和两线都相切的圆。

命令：_circle
指定圆的圆心或［三点（3P）/两点（2P）/相切、相切、半径（T）］：_3p
指定圆上的第一个点：_tan 到 　　　　　（对照图2-30进行捕捉，不再作注释）
指定圆上的第二个点：_tan 到
指定圆上的第三个点：_tan 到
命令：_circle
指定圆的圆心或［三点（3P）/两点（2P）/相切、相切、半径（T）］：_3p
指定圆上的第一个点：_tan 到
指定圆上的第二个点：_tan 到
指定圆上的第三个点：_tan 到

【图例练习3】绘制图2-31中的 *AB* 和 *CD* 切线。

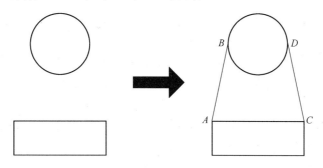

图2-31　"对象捕捉"绘制切线

操作过程：单击下方状态栏上的"对象捕捉"图标，打开"对象捕捉"。

命令：_line
指定第一点： 　　　　　　　　　　　　　　　　　（光标移至 *A* 点捕捉端点）
指定下一点或［放弃（U）］：
　（按住＜Shift＞键并单击鼠标右键，选择快捷菜单中的"切点"，将光标再移至圆 *B*
　　　　　　点附近，显示切点后单击鼠标左键并回车，如图2-32所示）
命令：LINE
指定第一点： 　　　　　　　　　　　　　　　　　（光标移至 *C* 点捕捉端点）
指定下一点或［放弃（U）］：
　（按住＜Shift＞键并单击鼠标右键，选择快捷菜单中的"切点"，将光标再移至圆 *D*
　　　　　　点附近，显示切点后单击鼠标左键并回车）

图 2-32 "对象捕捉" 绘制切线 *AB*

思 考 题

1. 坐标的输入有几种方法？在键盘上输入点坐标的常用表示方法有哪几种？
2. 正交模式有什么作用？
3. 绘制圆有几种方法？如何绘制任意三角形的内切圆和外切圆？
4. 对象捕捉应在什么情况下使用？可否在绘图命令运行过程中进行对象捕捉设置？
5. 极轴追踪有什么作用，它与正交模式有哪些相似点和不同点？
6. 对象追踪有什么作用？极轴追踪和对象捕捉是如何影响对象追踪的？
7. 绘制三角形，尺寸如图 2-33 所示。
8. 绘制不规则图形，尺寸如图 2-34 所示。
9. 绘制梯形，尺寸如图 2-35 所示。

图 2-33 绘制三角形   图 2-34 绘制不规则图形   图 2-35 绘制梯形

项目三

绘制石桌立面图

1. 重视直线、偏移、镜像等已学知识的应用与巩固。
2. 掌握矩形、倒圆角、填充、延伸、打断、对象特性等工具的运用。
3. 掌握所学工具的使用注意事项。
4. 学会"石桌立面图"的绘制。

 学习难点

1. 图案填充的比例调整和图案不易填充的原因分析。
2. 合理修改对象的特性。

知 识 篇

【矩形】 ＜rectang＞

【图例练习1】绘制图 3-1 所示的树池平面图。

图 3-1 用"矩形"绘制树池平面图

操作过程： 单击"修改"面板上的"矩形"图标。

1）绘制边长为 100 的大正方形。

> 命令：_rectang （"矩形"命令）
> 指定第一个角点或［倒角（C）/标高（E）/圆角（F）/厚度（T）/宽度（W）］：
> （在窗口上任意指定一点）
> 指定另一个角点或［尺寸（D）］：@100，100

2）绘制边长为 80 的小正方形。

> 命令：_offset （"偏移"命令）
> 指定偏移距离或［通过（T）］<通过>：10
> 选择要偏移的对象或 <退出>： （选择刚画好的矩形）
> 指定点以确定偏移所在一侧： （在矩形内任意指定一点）
> 选择要偏移的对象或 <退出>： （回车）

3）绘制半径为 20 的圆。

> 命令：_line
> 指定第一点： （捕捉矩形角点）
> 指定下一点或［放弃（U）］： （捕捉矩形对角点）
> 指定下一点或［放弃（U）］： （回车）
> 命令：_circle
> 指定圆的圆心或［三点（3P）/两点（2P）/相切、相切、半径（T）］：（捕捉对角线中点）
> 指定圆的半径或［直径（D）］：20 （回车）
> 命令：_erase
> 找到 1 个 （删除对角线并回车）

【倒圆角】 <fillet>

【图例练习 2】用"倒圆角"绘制图 3-2 所示的图形。

图 3-2　用"倒圆角"绘制图形

操作过程：

1）先绘制直角矩形，然后再用"倒圆角"绘制圆角矩形，如图3-3所示；也可用圆角矩形直接绘图。

图3-3 倒圆角

命令：_rectang （"矩形"命令）

指定第一个角点或［倒角（C）/标高（E）/圆角（F）/厚度（T）/宽度（W）］：

（在窗口任意位置单击鼠标左键，确定第一点）

指定另一个角点或［尺寸（D）］：@80，50 （回车）

命令：_fillet （"倒圆角"命令）

当前设置：模式=修剪，半径=5.0000

选择第一个对象或［多段线（P）/半径（R）/修剪（T）/多个（U）］：r

指定圆角半径 <35.0000>：5

选择第一个对象或［多段线（P）/半径（R）/修剪（T）/多个（U）］：

（选择需要倒圆角的矩形角边）

选择第二个对象： （选择需要倒圆角的矩形角另一边，回车）

用相同的命令将矩形其余3个角进行倒圆角处理。

2）绘制中间椭圆。先定好左右两圆心，画出切线再修剪即可。

命令：_line

指定第一点： （捕捉矩形左边线中点）

指定下一点或［放弃（U）］：<极轴 开>30

指定下一点或［放弃（U）］：20

指定下一点或［闭合（C）/放弃（U）］： （回车）

命令：_circle

指定圆的圆心或［三点（3P）/两点（2P）/相切、相切、半径（T）］：

（捕捉长度为20的水平线左端点）

指定圆的半径或［直径（D）］：5 （回车）

命令：CIRCLE

指定圆的圆心或［三点（3P）/两点（2P）/相切、相切、半径（T）］：

（捕捉长度为 20 的水平线右端点）

指定圆的半径或［直径（D）］：5 （回车）

命令：_line

指定第一点： （捕捉左圆上象限点）

指定下一点或［放弃（U）］： （捕捉右圆上象限点）

指定下一点或［放弃（U）］： （回车）

命令：LINE

指定第一点： （捕捉左圆下象限点）

指定下一点或［放弃（U）］： （捕捉右圆下象限点）

指定下一点或［放弃（U）］： （回车）

命令：_erase 找到 2 个

命令：_trim

当前设置：投影 = UCS，边 = 延伸

选择剪切边...

选择对象：找到 1 个

选择对象：找到 1 个，总计 2 个

选择对象： （回车）

选择要修剪的对象，或按住 Shift 键选择要延伸的对象，或［投影（P）/边（E）/放弃（U）］： （对照图 3-2，剪去多余的部分对象）

【图案填充】 < bhatch >

【图例练习 3】绘制图 3-4 中的矩形，再填充图案，如图 3-5 所示。

图 3-4　绘制矩形

图 3-5　填充矩形

操作过程：

1）绘制图 3-4 的矩形。

命令：_rectang （"矩形"命令）

指定第一个角点或［倒角（C）/标高（E）/圆角（F）/厚度（T）/宽度（W）］：

（任意指定一点）

指定另一个角点或［尺寸（D）］：@60，40 （回车）

2）在矩形中填充图 3-5 中的图案。

命令：_bhatch	（"图案填充"命令，选择好图案样例）
选择内部点：	（在矩形内部任意处单击一次鼠标左键一下）
正在分析内部孤岛	（回车）
预览图案效果	（再回车）

特别提醒：

用 bhatch 命令进行图案填充时，需要填充边界是封闭的，否则将不能正确填充。因此，对非闭合边界填充时，可先作辅助线将填充区域闭合，填充完成后，再将辅助线删除。

【图例练习4】将图 3-5 中的图案进行角度改变，如图 3-6 所示。

图 3-6　改变角度后填充矩形

操作过程：光标选中图 3-5 中的图案，单击鼠标右键，弹出快捷菜单，选择"图案填充编辑"，在角度项目中选择 30 度，回车。

特别提醒：

对于已有的填充图案，可以通过修改菜单对象中的 hatchedit（图案填充）命令编辑其图案类型和图案参数特性，但不可修改填充边界的定义；还可以通过特性编辑工具，在伴随窗口中对图案特性进行编辑；也可以使用特性匹配工具，把图案源对象的特性复制到各目标图案上。

执行 hatchedit 命令后，选择要编辑的填充图案，随即弹出"图案填充编辑"对话框。这与"边界图案填充"对话框基本相同，只是其中有一些选项按钮被禁止，其他项目均可以更改设置，结果反映在选择的填充图案上。对关联和不关联图案的编辑，在此也作一些说明：

1）任何一个图形编辑命令修改填充边界后，如其边界继续保持封闭，则图案填充区域自动更新并保持关联性。如边界不能保持封闭，则将丧失关联性。

2）填充图案位于锁定或冻结图层时，修改填充边界，则关联性丧失。

3）用 explode 命令分解一个关联图案填充时，则丧失关联性，并把填充图案分解为分离的线段。

【图例练习5】绘制图 3-7 中的圆，再填充矩形中同样的图案，如图 3-8 所示。

图 3-7　绘制圆

图 3-8　填充圆

操作过程:

1)绘制图 3-7 中的圆。

> 命令:_circle
>
> 指定圆的圆心或[三点(3P)/两点(2P)/相切、相切、半径(T)]:
>
> (任意指定一点)
>
> 指定圆的半径或[直径(D)]:20　　　　　　　　　　　　　　(回车)

2)填充图案,如图 3-8 所示。

> 命令:_bhatch　　　　　　　　　　　　　　　　　　("图案填充"命令)
>
> 选择继承特性
>
> 选择关联填充对象:　　　　　　　　　　　　(选择图 3-7 矩形中的图案)
>
> 继承特性:名称<BRASS>,比例<1>,角度<30>
>
> 选择内部点:　　　　　　　　　　　　(在绘制的圆中任意处单击鼠标左键)
>
> 正在选择所有可见对象...
>
> 正在分析所选数据...　　　　　　　　　　　　　　　　　　(选中后回车)

【图例练习 6】改变图 3-8 中的图案密度,如图 3-9 所示。

图 3-9　改变图案密度

操作过程:

光标选中图 3-8 中的图案,单击鼠标右键,弹出快捷菜单,选择"图案填充编辑",在比例项目中选择 1.5,预览图案效果后再回车。图案填充时,应根据图形大小设定图案的尺度比例。

> **特别提醒:**
>
> 为进一步理解图案填充,学习图案填充选项卡上的选项是十分有必要的,如图 3-10 所示。

图 3-10　边界图案填充

1）类型：选用填充图案类型。包括"预定义""用户定义""自定义"三大类。

2）图案：显示当前选用图案的名称。如果单击了图案右侧的"…"按钮，则弹出"填充图案选项板"对话框，在对话框中可以直观地选择填充图案种类。

3）样例：显示选择的图案样例。选择图案样例，会弹出"填充图案选项板"对话框。在该对话框中，"ANSI""ISO""其他预定义"三个选项卡中皆属预定义类型的图案。

4）角度：设置填充图案的旋转角度。

5）比例：设置填充图案的大小比例。

6）拾取点：通过拾取点的方式来自动产生一条围绕该拾取点的边界。此项要求拾取点的周围边界无缺口，否则将不能产生正确边界。

7）选择对象：通过选择对象的方式来产生一条封闭的填充边界。如果选取边界对象有缺口，则在缺口部分填充的图案会出现线段丢失。

8）继承特性：控制当前填充图案继承一个已经存在的填充图案的特性。如果希望使用图形中用已有的图案进行填充，但又不记得该图案的特性，使用此选项是非常好的一种方法。

9）关联：打开此项，当对填充边界对象进行某些编辑时，AutoCAD 会根据边界的新位置重新生成图案填充。

此外，在进行图案填充时，特别需要注意以下几点。

1）在园林 CAD 制图中，图案填充应绘制在专门的图层中，并把线宽设为细线。

2）进行图案填充前，需将填充区域完整地显示在绘图区内。否则，可能会出现填充边界定义不正确的情况。

3）以普通方式填充时，如果填充边界内有文字对象，且在选择填充边界时也选择了它们，图案填充到这些文字处会自动断开，就像用一个比它们略大的看不见的框子保护起来一样，使得这些对象更加清晰（待文字输入内容学习后再练习）。

4）每次填充的图案是一个整体，如需对填充图案进行局部修改，则要用 EXPLODE 命令分解后方可进行。一般情况下，不推荐此做法，因为这会大大增加文件的容量。

5）同类材料不同品种使用同一图例时，应在图上附加必要的说明。

6）两个相同的图例相接时，图例线宜错开或倾斜方向应相反。

【延伸】 ＜extend＞

【图例练习 7】将样图 3-11 中的直线 *EF* 进行延伸，如图 3-12 所示。

图 3-11　绘制边界及直线

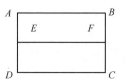

图 3-12　直线延伸

操作过程：

命令：_extend
当前设置：投影＝UCS，边＝无
选择边界的边…
选择对象：找到 1 个　　　　　　　　　　　　　　　（选择矩形 *ABCD*）
选择对象：　　　　　　　　　　　　　　　　　　　（回车）
选择要延伸的对象，或按住 Shift 键选择要修剪的对象，或［投影（P）/边（E）/放弃（U）］：　　　　　　　　　　　　　　　　　（选择直线左端点 *E*）
选择要延伸的对象，或按住 Shift 键选择要修剪的对象，或［投影（P）/边（E）/放弃（U）］：　　　　　　　　　　　　　　　　　（选择直线右端点 *F*）
选择要延伸的对象，或按住 Shift 键选择要修剪的对象，或［投影（P）/边（E）/放弃（U）］：　　　　　　　　　　　　　　　　　　　　　（回车）

特别提醒：
选择要延伸对象的拾取点决定了延伸的方向，延伸发生在拾取点的一侧。

【打断】 ＜break＞

【图例练习 8】在图 3-13 中用"打断"工具去除左图中的线段 *AB*，如右图所示。

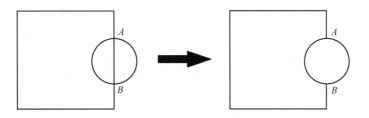

图 3-13 "打断"工具的应用

操作过程：单击"修改"面板上的"打断"图标。

命令：_break
选择对象： （点击线段 AB）
指定第二个打断点 或 ［第一点（F）］：f
指定第一个打断点： （捕捉 A 点）
指定第二个打断点： （捕捉 B 点）

【**对象特性**】

1. 修改对象线型

【图例练习 9】将圆 A 线型修改为圆 B 的 ACAD_ISO5W100 线型，如图 3-14 所示。

图 3-14 修改线型

操作过程：

1）单击"对象特性"面板上的线型列表中的"其他"选项，弹出"线型管理器"，如图 3-15 所示。

图 3-15 线型管理器

园林 CAD

2）单击"加载"，弹出"加载或重载线型"对话框，选择"ACAD_ISO5W100"再单击"确定"，如图 3-16 所示。

图 3-16　加载或重载线型

3）选中圆 *A* 后再选择"对象特性"面板线型列表中的"ACAD_ISO5W100"，再按 < Esc > 键退出，得到圆 *B*，如图 3-17 所示。

图 3-17　加载线型后的圆 *B*

4）但此时的圆 *B* 中的虚线不明显，线段太密，还需调整线型管理器中的全局比例因子，如将其值 1 调为 4。线型比例越小，不连续线越密，如果线型比例设定不合适，将不能正常显示图线线型。线型比例的全局比例因子一般由公式 $\dfrac{1}{图形输出比例 \times 2}$ 来计算，如：在一个输出比例 1∶100 的图中设定 ISO 线型比例，全局比例因子 $= \dfrac{1}{\frac{1}{100} \times 2} = 50$。

2. 修改对象线宽

在一般的园林设计图中，有三级线宽，分别为粗线、中线、细线：b、0.5b、0.35b。为了使图形更容易区分，也可以将尺寸标注、图样填充线增设一级，为 0.25b。

当前线宽显示在"线宽控制"栏中，如果想更改当前线宽，可单击"线宽控制"栏，在图 3-18 的线宽列表中进行选择。

图 3-18　线宽列表

如果想在绘图中显示对象的线宽，可打开状态栏上的"线宽"按钮。在绘图时为了方便观察图形，也可将该按钮关闭。多线的宽度显示不受此按钮的影响。

为了方便图形对象线宽的管理，此项往往设定为"随层"，即由图层的线宽特性来决定对象所用的线宽。

3. 修改对象颜色

颜色的合理使用，可以增强图形的可读性，而且有利于图形的管理。设定图形对象的颜色有两种方法：一是直接指定对象颜色，二是用图层颜色特性来控制对象颜色。直接指定对象颜色容易造成对象管理的混乱，不如使用图层来管理更方便，所以我们建议在图层中管理颜色。

设定当前颜色可在"对象特性"面板的"颜色控制"列表中选取，列表中显示了"随层""随块"选项和常用的 7 种标准颜色（编号为 1~7 的颜色），如图 3-19 所示。

图 3-19　颜色控制列表

如果需要选择其他颜色，可在列表中选择"选择颜色"选项。在弹出的如图 3-20 所示"选择颜色"对话框中，不仅可以直接在对应的颜色小方块上进行选择，也可以在颜色文本框中输入颜色的编号（0~255）来选择颜色。

图 3-20　选择颜色

实　战　篇

【图例练习】按图 3-21 所示尺寸，绘制石桌立面图。

比例尺 1:10

图 3-21　石桌立面图

操作过程：

1）绘制桌面。用"矩形""倒圆角""偏移""延伸"工具进行绘制，如图 3-22 所示。

图 3-22 绘制石桌桌面

命令：_line
指定第一点：＜正交 开＞
指定下一点或［放弃（U）］：740
指定下一点或［放弃（U）］：80
指定下一点或［闭合（C）/放弃（U）］：740
指定下一点或［闭合（C）/放弃（U）］：c   （回车）
命令：_fillet   （"倒圆角"命令）
当前设置：模式＝修剪，半径＝0.0000
选择第一个对象或［多段线（P）/半径（R）/修剪（T）/多个（U）］：r 指定圆角半
径 ＜0.0000＞：10   （回车）
命令：_fillet   （"倒圆角"命令）
选择第一个对象或［多段线（P）/半径（R）/修剪（T）/多个（U）］：
                    （用鼠标左键单击已绘矩形的左下角边）
选择第二个对象：   （用鼠标左键单击已绘矩形的左下角另一边）

用相同的命令将矩形其余 3 个角进行倒圆角处理。

命令：_offset   （"偏移"命令）
指定偏移距离或［通过（T）］＜通过＞：15
选择要偏移的对象或 ＜退出＞：   （用鼠标左键单击已绘矩形的上边）
指定点以确定偏移所在一侧：   （用鼠标左键单击已绘矩形上边下方的任何位置）
选择要偏移的对象或 ＜退出＞：   （用鼠标左键单击已绘矩形的下边）
指定点以确定偏移所在一侧：   （用鼠标左键单击已绘矩形下边上方的任何位置）
选择要偏移的对象或 ＜退出＞：*取消*
命令：_extend   （"延伸"命令）
当前设置：投影＝UCS，边＝无
选择边界的边
选择对象：找到 1 个   （选择已绘矩形的左边垂直线）
选择对象：找到 1 个，总计 2 个   （选择已绘矩形的右边垂直线）
选择对象：

园林 CAD

　　选择要延伸的对象，或按住 Shift 键选择要修剪的对象，或［投影（P）/边（E）/放弃（U）］：　　　　　　　　　　　　　　　　　　　　（单击已偏移线的左端）

　　选择要延伸的对象，或按住 Shift 键选择要修剪的对象，或［投影（P）/边（E）/放弃（U）］：　　　　　　　　　　　　　　　　　　　　（单击已偏移线的左端）

　　选择要延伸的对象，或按住 Shift 键选择要修剪的对象，或［投影（P）/边（E）/放弃（U）］：　　　　　　　　　　　　　　　　　　　　（单击已偏移线的右端）

　　选择要延伸的对象，或按住 Shift 键选择要修剪的对象，或［投影（P）/边（E）/放弃（U）］：　　　　　　　　　　　　　　　　　　　　（单击已偏移线的右端）

　　选择要延伸的对象，或按住 Shift 键选择要修剪的对象，或［投影（P）/边（E）/放弃（U）］：　　　　　　　　　　　　　　　　　　　　　　　　　　　　（回车）

2）绘制石桌中下部（水平方向）。主要用"偏移"工具进行绘制，如图 3-23 所示。

图 3-23　绘制石桌中下部（水平方向）

命令：_offset　　　　　　　　　　　　　　　　　　　　　　　（"偏移"命令）
指定偏移距离或［通过（T）］＜15.0000＞：50
选择要偏移的对象或 ＜退出＞：　　　　　　　　　　（选择已绘矩形的下边线）
指定点以确定偏移所在一侧：　　（在已绘矩形下边线的任何位置单击鼠标左键）
选择要偏移的对象或 ＜退出＞：　　　　　　　　　　　　　（选择刚偏移的线）
指定点以确定偏移所在一侧：（在刚偏移线的下方任何位置单击鼠标左键，并回车）
选择要偏移的对象或 ＜退出＞：25
选择要偏移的对象或 ＜退出＞：　　　　　　　　　　　　　（选择刚偏移的线）
指定点以确定偏移所在一侧：　　　　　　（在刚偏移线的下方任何位置单击鼠标左键）
选择要偏移的对象或 ＜退出＞：＊取消＊
命令：OFFSET　　　　　　　　　　　　　　　　　　　　　　　（"偏移"命令）
指定偏移距离或［通过（T）］＜25.0000＞：425
选择要偏移的对象或 ＜退出＞：　　　　　　　　　　　　　（选择刚偏移的线）
指定点以确定偏移所在一侧：　　　　　　（在刚偏移线的下方任何位置单击鼠标左键）
选择要偏移的对象或 ＜退出＞：　　　　　　　　　　　　　　　　　　　（回车）
命令：OFFSET

指定偏移距离或［通过（T）］<425.0000>：40

选择要偏移的对象或 <退出>：   （选择刚偏移的线）

指定点以确定偏移所在一侧：   （在刚偏移线的下方任何位置单击鼠标左键）

选择要偏移的对象或 <退出>：   （回车）

命令：OFFSET

指定偏移距离或［通过（T）］<40.0000>：50

选择要偏移的对象或 <退出>：   （选择刚偏移的线）

指定点以确定偏移所在一侧：   （在刚偏移线的下方任何位置点击鼠标左键）

选择要偏移的对象或 <退出>：   （回车）

命令：OFFSET

指定偏移距离或［通过（T）］<50.0000>：100

选择要偏移的对象或 <退出>：   （选择刚偏移的线）

指定点以确定偏移所在一侧：   （在刚偏移线的下方任何位置单击鼠标左键）

选择要偏移的对象或 <退出>：   （选择刚偏移的线）

指定点以确定偏移所在一侧：   （在刚偏移线的下方任何位置单击鼠标左键）

选择要偏移的对象或 <退出>：   （回车）

所得石桌中下部偏移结果如图 3-24 所示。

3）绘制石桌中下部（垂直方向）。主要用"偏移""延伸""修剪"等工具进行绘制，如图 3-25 所示。

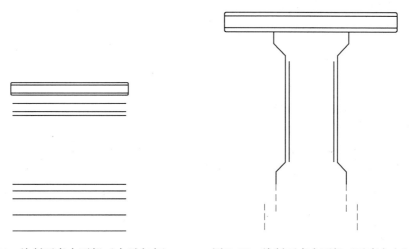

图 3-24 绘制石桌中下部（水平方向）   图 3-25 绘制石桌中下部（垂直方向）

命令：_offset   （"偏移"命令）

指定偏移距离或［通过（T）］<100.0000>：210

选择要偏移的对象或 <退出>：   （选择已绘矩形的左边线）

指定点以确定偏移所在一侧：   （在已绘矩形左边线的右边任何位置单击鼠标左键）

选择要偏移的对象或 <退出> ：　　　　　　　　　　　（选择已绘矩形的右边线）

指定点以确定偏移所在一侧：　（在已绘矩形右边线的左边任何位置单击鼠标左键）

选择要偏移的对象或 <退出> ：＊取消＊

命令：_extend

当前设置：投影＝UCS，边＝无

选择边界的边…

选择对象：找到 1 个　　　　　　　　　　　　　　　　（选择石桌最底边线）

选择对象：

选择要延伸的对象，或按住 Shift 键选择要修剪的对象，或［投影（P）/边（E）/放

弃（U）］：　　　　　　　　　　　　　（单击距离 210 的左偏移线的下端）

选择要延伸的对象，或按住 Shift 键选择要修剪的对象，或［投影（P）/边（E）/放

弃（U）］：　　　　　　　　　　　　　（单击距离 210 的右偏移线的下端）

选择要延伸的对象，或按住 Shift 键选择要修剪的对象，或［投影（P）/边（E）/放

弃（U）］：　　　　　　　　　　　　　　　　　　　　　　（回车）

命令：offset

指定偏移距离或［通过（T）］<210.0000>：50

选择要偏移的对象或 <退出> ：　　　　　　　　　　（选择距离 210 的左偏移线）

指定点以确定偏移所在一侧：（在距离 210 的左偏移线右侧任何位置单击鼠标左键）

选择要偏移的对象或 <退出> ：　　　　　　　　　　（选择距离 210 的右偏移线）

指定点以确定偏移所在一侧：（在距离 210 的右偏移线左侧任何位置单击鼠标左键）

选择要偏移的对象或 <退出> ：　　　　　　　　　　　　　　　　（回车）

命令：OFFSET

指定偏移距离或［通过（T）］<50.0000>：15

选择要偏移的对象或 <退出> ：　　　　　　　　　　（选择刚才距离为 50 的左偏移线）

指定点以确定偏移所在一侧：（在距离为 50 的左偏移线右侧任何位置单击鼠标左键）

选择要偏移的对象或 <退出> ：　　　　　　　　　　（选择刚才距离为 50 的右偏移线）

指定点以确定偏移所在一侧：（在距离为 50 的右偏移线左侧任何位置单击鼠标左键）

选择要偏移的对象或 <退出> ：＊取消＊

命令：_trim

当前设置：投影＝UCS，边＝无

选择剪切边…

选择对象：指定对角点：找到 24 个

选择对象：　　　　　　　　　　　　　　　　　　　　　　（回车）

选择要修剪的对象，或按住 Shift 键选择要延伸的对象，或［投影（P）/边（E）/放

弃（U）］：　　　　　　　　　　　　　（按题意要求剪去多余部分直线）

命令：_line

指定第一点：<对象捕捉 开>

（对照图 3-25，绘制石桌上方的左右两斜线，先捕捉左斜线的上端点）

指定下一点或［放弃（U）］： （再捕捉左斜线的下端点）

指定下一点或［放弃（U）］： （回车）

命令：LINE 指定第一点：

（对照图 3-25，绘制石桌上方的左右两斜线，先捕捉右斜线的上端点）

指定下一点或［放弃（U）］： （再捕捉右斜线的下端点）

指定下一点或［放弃（U）］： （回车）

命令：_trim （修剪）

当前设置：投影＝UCS，边＝无

选择剪切边...

选择对象：指定对角点：选择整个图形，找到 28 个

选择对象： （回车）

选择要修剪的对象，或按住 Shift 键选择要延伸的对象，或［投影（P）/边（E）/放弃（U）］： （对照图 3-25，进行适当修剪）

选择要修剪的对象，或按住 Shift 键选择要延伸的对象，或［投影（P）/边（E）/放弃（U）］： （回车）

命令：_erase

找到 2 个 （结合修剪情况，再删除多余线段）

命令：_offset

指定偏移距离或［通过（T）］＜15.0000＞：40

选择要偏移的对象或 ＜退出＞： （选择前面距离为 50 的垂直方向左偏移线）

指定点以确定偏移所在一侧：

（在距离为 50 的垂直方向左偏移线的左侧任意位置单击鼠标左键）

选择要偏移的对象或 ＜退出＞： （选择前面距离为 50 的垂直方向右偏移线）

指定点以确定偏移所在一侧：

（在距离为 50 的垂直方向右偏移线的右侧任意位置单击鼠标左键）

选择要偏移的对象或 ＜退出＞： （回车）

命令：OFFSET

指定偏移距离或［通过（T）］＜40.0000＞：50

选择要偏移的对象或 ＜退出＞： （选择刚才距离为 40 的左偏移线）

指定点以确定偏移所在一侧：

（在距离为 40 的左偏移线的左侧任意位置单击鼠标左键）

选择要偏移的对象或 ＜退出＞： （选择刚才距离为 40 的右偏移线）

指定点以确定偏移所在一侧： （在距离为 40 的右偏移线右侧的任意位置单击鼠标左键）

选择要偏移的对象或 ＜退出＞：＊取消＊

命令：_trim （修剪）

当前设置：投影＝UCS，边＝无

选择剪切边...

选择对象：指定对角点：找到 30 个

选择对象： (回车)

选择要修剪的对象，或按住 Shift 键选择要延伸的对象，或 [投影 (P)/边 (E)/放弃 (U)]： (按题意要求剪去多余部分的直线)

命令：_erase 找到 2 个

命令：_line

指定第一点： (对照图 3-25，绘制石桌下方的左右两斜线，捕捉左斜线第一点)

指定下一点或 [放弃 (U)]： (捕捉左斜线第二点)

指定下一点或 [放弃 (U)]： (回车)

命令：LINE

指定第一点： (捕捉右斜线第一点)

指定下一点或 [放弃 (U)]： (捕捉右斜线第二点)

指定下一点或 [放弃 (U)]： (回车)

命令：_trim

当前设置：投影 = UCS，边 = 无

选择剪切边...

选择对象：指定对角点：找到 31 个

选择对象： (回车)

选择要修剪的对象，或按住 Shift 键选择要延伸的对象，或 [投影 (P)/边 (E)/放弃 (U)]： (按题意要求剪去多余部分直线)

绘制好后，如图 3-26 所示。

图 3-26　绘制好的石桌立面图

4）填充图案与调整特性。

在"绘图"面板上单击"图案填充"，选择适宜的图案进行填充；在"对象特性"面板上修改对象的线宽和线型。

命令：_bhatch　　　　　　　　　　　　　　　　　　　　　　（填充）

选择内部点：拾取内部点，正在选择所有对象…

正在选择所有可见对象…

正在分析所选数据…

正在分析内部孤岛…

选择内部点：

拾取或按 Esc 键返回到对话框或 ＜单击右键接受图案填充＞：　　（调整比例并预览）

拾取或按 Esc 键返回到对话框或 ＜单击右键接受图案填充＞：　　　　　（返回）

命令：_bhatch　　　　　　　　　　　　　　　　　　　　　　（填充）

选择内部点：拾取内部点，正在选择所有对象…

正在选择所有可见对象…

正在分析所选数据…

正在分析内部孤岛…

选择内部点：

无法对边界进行图案填充

拾取或按 Esc 键返回到对话框或 ＜单击右键接受图案填充＞：　　（调整比例并预览）

拾取或按 Esc 键返回到对话框或 ＜单击右键接受图案填充＞：　　　　　（返回）

命令：_break　　　　　　　　　　　　　　　　　　　　　　（打断）

选择对象：

指定第二个打断点 或［第一点（F）］：f

指定第一个打断点：　　　　　　　（对照图 3-21，捕捉地面线中间需打断的左端点）

指定第二个打断点：　　　　　　　　　　　（捕捉地面线中间需打断的右端点）

命令：BREAK　　　　　　　　　　　　　　　　　　　　　　（打断）

选择对象：

指定第二个打断点 或［第一点（F）］：f

指定第一个打断点：　　　　　（对照图 3-21，捕捉地面以下线的中间需打断的左端点）

指定第二个打断点：　　　　　　　　　（捕捉地面以下线的中间需打断的右端点）

命令：'_lweight ＜线宽 开＞

　　　　　　　　　（轮廓线为 0.30mm，地面线为 0.50mm，填充线为 0.15mm）

命令：＊取消＊

命令：'_linetype ＜线型 开＞

　　　　　　　　（选择对象，打开"线型管理器"，选择 ACAD_ISO02W100 线型，

　　　　　　　　　　　　　　　　　　　　　　　　　调整全局比例因子为 5）

提 高 篇

【图例练习 1】按图 3-27 所示尺寸绘制图形。

图 3-27　绘制几何图形（一）

操作过程：

1）绘制中心线。用"矩形"工具绘制外围 60×60 的矩形，用"直线"工具绘制好"十"字形的中心线。

```
命令：_rectang                                          （"矩形"命令）
指定第一个角点或［倒角（C）/标高（E）/圆角（F）/厚度（T）/宽度（W）］：
                                    （在窗口任意位置单击鼠标左键，确定第一角点）
指定另一个角点或［尺寸（D）］：@60，60                            （回车）
命令：_line
指定第一点：<极轴 开>                          （捕捉矩形左边中点，确定第一点）
指定下一点或［放弃（U）］：            （在矩形右边中点的水平方向上任意指定一点）
指定下一点或［放弃（U）］：                                      （回车）
命令：LINE
指定第一点：                                  （捕捉矩形上边中点，确定第一点）
指定下一点或［放弃（U）］：            （在矩形下边中点的垂直方向上任意指定一点）
指定下一点或［放弃（U）］：                                      （回车）
```

2）绘制圆。用"圆"工具捕捉矩形边上的三个切点，画出与矩形相切的大圆；再用"圆"工具捕捉中心线的交点作为圆心，绘制直径为 40 的圆；最后以此圆与中心线的四个交点为圆心画出半径为 5 的四个小圆（4-R5）。

命令：_circle 指定圆的圆心或 [三点 (3P)/两点 (2P)/相切、相切、半径 (T)]：

_3p

指定圆上的第一个点：_tan 到 　　　　　　　　　（在矩形一条边上捕捉切点）

指定圆上的第二个点：_tan 到 　　　　　　　　　（在矩形第二条边上捕捉切点）

指定圆上的第三个点：_tan 到 　　　　　　　　　（在矩形第三条边上捕捉切点）

命令：_circle 指定圆的圆心或 [三点 (3P)/两点 (2P)/相切、相切、半径 (T)]：

　　　　　　　　　　　　　　　　　　　　　　　（捕捉中心线的交点）

指定圆的半径或 [直径 (D)] <30.0000>：20 　　　　　　　　　　（回车）

命令：CIRCLE

指定圆的圆心或 [三点 (3P)/两点 (2P)/相切、相切、半径 (T)]：

　　　　　　　　　　　　（捕捉直径为 40 的圆与中心线的左交点）

指定圆的半径或 [直径 (D)] <20.0000>：5 　　　　　　　　　　（回车）

命令：CIRCLE

指定圆的圆心或 [三点 (3P)/两点 (2P)/相切、相切、半径 (T)]：

　　　　　　　　　　　　（捕捉直径为 40 的圆与中心线的下交点）

指定圆的半径或 [直径 (D)] <5.0000>： 　　　　　　　　　　（回车）

命令：CIRCLE

指定圆的圆心或 [三点 (3P)/两点 (2P)/相切、相切、半径 (T)]：

　　　　　　　　　　　　（捕捉直径为 40 的圆与中心线的右交点）

指定圆的半径或 [直径 (D)] <5.0000>： 　　　　　　　　　　（回车）

命令：CIRCLE

指定圆的圆心或 [三点 (3P)/两点 (2P)/相切、相切、半径 (T)]：

　　　　　　　　　　　　（捕捉直径为 40 的圆与中心线的交点）

指定圆的半径或 [直径 (D)] <5.0000>： 　　　　　　　　　　（回车）

3）调整线宽和线型。按照要求，在"对象特性"面板上选择线型"ACAD_ISO10W100"和线宽 0.35mm，赋予图中相应的对象。

【图例练习 2】按图 3-28 所示的尺寸绘制图形。

图 3-28 绘制几何图形（二）

操作过程：

1）绘制图形轮廓线，如图 3-29 和图 3-30 所示。

图 3-29　绘制图形轮廓线（一）

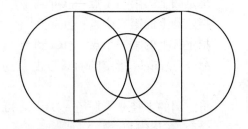

图 3-30　绘制图形轮廓线（二）

命令：_rectang
指定第一个角点或 [倒角（C）/标高（E）/圆角（F）/厚度（T）/宽度（W）]：
　　　　　　　　　　　　　　　　（在窗口任意位置单击鼠标左键，确定第一点）
指定另一个角点或 [尺寸（D）]：@50，50　　　　　　　　　　　　　（回车）
命令：_circle
指定圆的圆心或 [三点（3P）/两点（2P）/相切、相切、半径（T）]：　（捕捉中点）
<对象捕捉 开>
指定圆的半径或 [直径（D）]：　　　　　　　　　　　　　　　　　（捕捉端点）
命令：CIRCLE
指定圆的圆心或 [三点（3P）/两点（2P）/相切、相切、半径（T）]：　（捕捉中点）
指定圆的半径或 [直径（D）] <25.0000>：　　　　　　　　　　　　（捕捉端点）
命令：CIRCLE
指定圆的圆心或 [三点（3P）/两点（2P）/相切、相切、半径（T）]：
　　　　　　　　　　　　　　　　　　　　　　　　　　　　　（捕捉两圆交点）
指定圆的半径或 [直径（D）] <25.0000>：15
命令：_trim
当前设置：投影 = UCS，边 = 延伸
选择剪切边…
选择对象：找到 1 个
选择对象：
选择要修剪的对象，或按住 Shift 键选择要延伸的对象，或 [投影（P）/边（E）/放
弃（U）]：　　　　　　　　　　　　　　　　　　　　　　　（单击需修剪对象）
选择要修剪的对象，或按住 Shift 键选择要延伸的对象，或 [投影（P）/边（E）/放
弃（U）]：　　　　　　　　　　　　　　　　　　　　　　　（单击需修剪对象）
选择要修剪的对象，或按住 Shift 键选择要延伸的对象，或 [投影（P）/边（E）/放
弃（U）]：　　　　　　　　　　　　　　　　　　　　　　　　　　　（回车）

2）填充图案。

命令：_bhatch

选择内部点：正在选择所有对象…

正在选择所有可见对象…

正在分析所选数据…

正在分析内部孤岛…

选择内部点：

选择内部点：

3）调整线宽和线型。选中矩形、两个半圆和 1 个圆，在对象特性"线宽控制"栏中选择 0.35mm 线宽。

思 考 题

1. 定义填充边界可以用"拾取点"和"选择对象"，这两种方法有什么区别？

2. 说明 bhatch 命令中关联图案与不关联图案的区别。

3. 什么是孤岛？删除孤岛的含义是什么？

4. 对填充图案使用 explode 命令的结果是什么？

5. 怎样操作可使用填充图案避开文字？

6. 填充图案时，如果填充区域不封闭，应如何处理？

7. 线型比例对图线的显示有哪些影响？如何确定线性比例？

8. 线形、线宽和颜色设置中的"随层"是什么含义？

9. 为什么直接指定对象颜色容易导致对象管理的混乱？应如何管理图形对象的颜色？

10. 修改对象特性有哪些方法？

11. 按图 3-31 所示尺寸绘制图形。

12. 按图 3-32 所示尺寸绘制图形。

图 3-31 绘制图形（一）

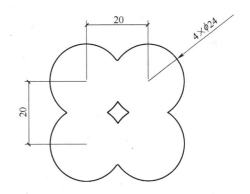

图 3-32 绘制图形（二）

13. 按图 3-33 所示尺寸绘制图形。

图 3-33　绘制图形（三）

项目四

绘制我的家园

学习目标

1. 熟悉家园及其环境的基本组成要素。
2. 熟练运用矩形、倒圆角、填充、延伸、打断、对象特性等已学工具进行绘图。
3. 掌握样条曲线、椭圆、文字、缩放、正多边形等新工具的运用。
4. 把握缩放、正多边形等工具的注意事项。
5. 学会"我的家园"平面图的绘制。

学习难点

参照缩放的应用。

知 识 篇

【样条曲线】 < spline >

园林设计中有许多自由曲线，可以用"样条曲线"命令进行绘制。

【图例练习1】绘制闭合样条曲线 *ABCDEF*，如图 4-1所示。

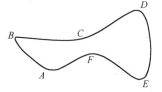

图 4-1　绘制闭合样条曲线

操作过程：

命令：_spline	（"样条曲线"命令）
指定第一个点或 ［对象（O）］：	（任意选取一点作为 *A* 点，*B～F* 点均为任意选取）
指定下一点：	（选取 *B* 点）
指定下一点或 ［闭合（C）/拟合公差（F）］ <起点切向>：	（选取 *C* 点）

指定下一点或［闭合（C）/拟合公差（F）］<起点切向>：　　　　　　（选取 D 点）

指定下一点或［闭合（C）/拟合公差（F）］<起点切向>：　　　　　　（选取 E 点）

指定下一点或［闭合（C）/拟合公差（F）］<起点切向>：　　　　　　（选取 F 点）

指定下一点或［闭合（C）/拟合公差（F）］<起点切向>：c　　　　　　（回车）

指定切向：

（出现橡筋线指示切线方向，如图 4-2 所示，
移动光标调整样条曲线形状，在窗口上单击一下）

图 4-2　切线方向

特别提醒：

在使用"样条曲线"命令过程中，相关参数的含义为：

1）对象（O）：将已存在的拟合样条曲线多段线转换为等价的样条曲线。

2）第一点：定义样条曲线的起始点。

3）下一点：样条曲线定义的一般点。

4）闭合（C）：样条曲线首尾连成封闭曲线。

5）拟合公差（F）：定义拟合公差大小。拟合公差控制样条曲线与指定点间的偏差程度，值越大，生成的样条曲线越光滑。

6）起点切向：定义起点处的切线方向。

7）端点切向：定义终点处的切线方向。

8）放弃（U）：该选项不在提示中出现，可输入 U 取消上一段曲线。

【椭圆】　<ellipse>

【图例练习2】绘制如图 4-3 所示的椭圆。

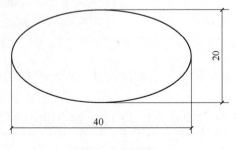

图 4-3　绘制椭圆

操作过程：

命令：_ellipse	（"椭圆"命令）
指定椭圆的轴端点或［圆弧（A）/中心点（C）］：	（任意指定左端点）
指定轴的另一个端点：@40，0	（回车）
指定另一条半轴长度或［旋转（R）］：10	（回车）

特别提醒：

在使用"椭圆"命令过程中，相关参数的含义为：

1）端点：指定椭圆轴的端点。

2）中心点（C）：指定椭圆的中心点。

3）半轴长度：指定半轴的长度。

4）旋转：指定一轴相对于另一轴的旋转角度，角度值需在0°~89.4°之间。

【多行文字】 < mtext >

在 AutoCAD 2010 中的文字编辑中，有多行文字（mtext）和单行文字（dtext），由于前者使用较多，编辑选项较丰富，因此经常使用。在这里，仅介绍"多行文字"命令，有兴趣的读者可自行查阅相关资料学习单行文字。

【图例练习3】创建图4-4中的文本。

图4-4　创建文本（一）

操作过程：

1）设定文字样式。单击面板上的"注释"标签|"style"（文字样式），弹出"文字样式"对话框如图4-5所示。选择常用的英文字体"gbenor. shx"，勾选"使用大字体"复选框，中文字体选"gbcbig. shx"。文字高度设为0，其他不变，单击"应用"按钮。

图4-5　"文字样式"对话框

2）输入文字。

命令：_mtext　　　　　　　　　　（当前文字样式：Standard，当前文字高度：2.5）
指定第一角点：　　　　　　　　　　　　　　　　　　　（在窗口上任意指定一点）
指定对角点或 ［高度（H）/对正（J）/行距（L）/旋转（R）/样式（S）/宽度（W）］：
（指定另一点后选择已设定的文字样式，设定文字高度 5，
输入汉字"园林 AutoCAD"后再确定）

特别提醒：

执行"注释"标签→"style"命令后，系统弹出图 4-5 所示的"文字样式"对话框。在该对话框中，可以新建或修改文字样式。

1）"字体"：图的标题一般直接使用 windows 的 TrueType 字库，如仿宋体、黑体等。标注和说明文字要使用符合国家标准的高 3 宽 2 的长仿宋体，字体相同，但高度设定不一样。常用的英文及数字正体有"gbenor. shx"，中文字体有"gbcbig. shx"等。

2）"高度"：根据输入的值设置文字高度，此项宜设为 0。如果输入 0，每次用该样式输入文字时，AutoCAD 都提示输入文字高度。如果输入值大于 0，则在使用该文字样式输入文字时统一使用该高度，不再提示输入文字高度。

3）"使用大字体"复选框：大字体是指 AutoCAD 专用的非西文线形字体（如中文、日文等）。只有选用英文 shx 字体后，才可以选择该复选框，常用的中文大字体有"gbcbig. shx"。

【图例练习 4】创建图 4-6 中的文本。

图 4-6　创建文本（二）

操作过程： 在设定文字样式后，单击"注释"面板上的"多行文字"（mtext）。

命令：_mtext
指定第一角点：　　　　　　　　　　　　　　　　　　　（在窗口上任意指定一点）
指定对角点或 ［高度（H）/对正（J）/行距（L）/旋转（R）/样式（S）/宽度（W）］：
（指定另一点后选择已设定的文字样式，输入文字"环境时刻是严重"，
文字高度分别调整为 5、10、7、5）

特别提醒：

1）字高与比例。图纸的文字高度可选取 3.5mm、5mm、7mm、10mm、14mm 或 20mm，字母和数字的高度应不小于 2.5mm。考虑到打印出图时的比例因子，在模型空间绘制文字时应把希望得到的字高除以出图比例来确定字高，例如：在比例为 1∶200 的图中，欲得到 5mm 的字高，绘制时的字高应为 5mm ÷（1/200）= 1000mm。

2）如果在当前字体的字库中没有某些特殊字符（包括汉字），这些字符则会显示为若干"?"，此时，更换所用的字体可以恢复正确的结果。

【图例练习5】创建图 4-7 中的文本。

栽培植物多样性

图 4-7　创建文本（三）

操作过程：将系统变量 TEXTFILL 设置为 0，单击"注释"面板上的"多行文字"（mtext）。

命令：_mtext　　　　　　　　　　　　　　　　　　（"多行文字"命令）

指定第一角点：　　　　　　　　　　　　　　　（在窗口上任意指定一点）

指定对角点或［高度（H）/对正（J）/行距（L）/旋转（R）/样式（S）/宽度（W）］：

（指定另一点后选择"宋体"字体，输入文字"栽培植物多样性"，

设定文字高度为 5 后再确定，预览或打印时有此效果）

特别提醒：

1）当字体样式采用 TrueType 字体时，可以通过系统变量 TEXTFILL 设置文字打印输出时是否填充，变量为 1（默认值）时进行填充，为 0 时则不填充。

2）特殊字符：

%%C → Φ（直径）

%%D → °（度）

%%U → 下划线

%%O → 上划线

【图例练习6】将图 4-8 中的文本修改为图 4-9 中的文本。

长方形栽植方式　➡　正方形栽培方式

图 4-8　修改文本（一）　　　　　　　　　图 4-9　修改文本（二）

操作过程：移动光标单击文字，然后单击鼠标右键，选择"编辑多行文字"。执行文字编辑命令后，首先选择欲修改编辑的文字，弹出"文字格式"对话框，修改完后如图 4-10 所示。

图 4-10　修改文本

　　在该对话框中，用户可以重新编辑输入的文字。单击"确定"按钮后，修改后的结果可以直接反映在屏幕上。用户还可以通过"特性"对话框来编辑修改文字及属性，也可使用特性匹配工具，把文字源对象的特性复制到各组文字上。

　　【图例练习 7】改变镜像文本（mirrtext）的值（1 或 0），观察图 4-11 和图 4-12 的镜像效果。

图 4-11　mirrtext = 0 的文本镜像

图 4-12　mirrtext = 1 的文本镜像

　　文字的镜像可通过改变 mirrtext 变量，控制是否使文字和其他对象一样被镜像。如果 mirrtext 为 0，则文字不作镜像处理；如果 mirrtext 为 1（默认设置），则文字和其他对象一样被镜像。

【缩放】 ＜scale＞

【图例练习8】将图4-13缩放成图4-14。

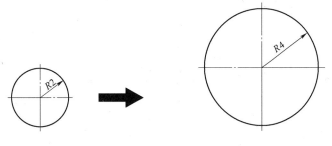

图4-13 几何图形（一）　　　　图4-14 缩放图形（一）

操作过程：打开"修改"面板，单击"比例缩放"。

命令：_scale	（"缩放"命令）
选择对象：	（选择图4-13中的圆和两条线）
指定基点：	（在窗口上任意指定基点）
指定比例因子：	（输入2，回车）

【图例练习9】将图4-15缩放成图4-16。

图4-15 几何图形（二）　　　　图4-16 缩放图形（二）

操作过程：

命令：_scale	（"比例缩放"命令）
选择对象：	（选择图4-15中的矩形）
指定对角点：	（找到4个）
指定基点：	（在窗口上任意指定另一点）
指定比例因子或［参照（R）］：r	
指定参照长度＜1＞：	（选择矩形长边的一点）
指定第二点：	（选择矩形长边的另一点）
指定新长度：6.23	（回车）

特别提醒：
比例缩放真正改变了图形的大小，和视图显示中的"ZOOM"命令缩放有本质的区别。"ZOOM"命令仅仅改变在屏幕上的显示大小，图形本身的尺寸无任何变化。

【正多边形】 < polygon >

【图例练习 10】按图 4-17 所示尺寸绘图。

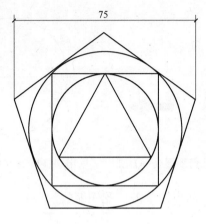

图 4-17　正多边形绘图（一）

操作过程：本例应从内向外画，主要是用"正多边形"工具进行绘图，最后再用"缩放"工具调整大小。

1）绘制正三角形。

命令：_polygon	（"正多边形"命令）
输入边的数目 ＜4＞：3	
指定正多边形的中心点或［边（E）］：	（窗口上任意指定一点）
输入选项［内接于圆（I）/外切于圆（C）］＜I＞：	（回车）
指定圆的半径：	（打开"正交"后任意指定）

2）捕捉三角形的 3 个顶点，绘制外接圆。

命令：_circle	
指定圆的圆心或［三点（3P）/两点（2P）/相切、相切、半径（T）］：3p	
指定圆上的第一个点：	（捕捉三角形的上角点）
指定圆上的第二个点：	（捕捉三角形的左角点）
指定圆上的第三个点：	（捕捉三角形的右角点）

3）绘制相切的正四边形和圆。

命令：_polygon	
输入边的数目 ＜3＞：4	
指定正多边形的中心点或［边（E）］：	（捕捉刚才绘制圆的圆心）
输入选项［内接于圆（I）/外切于圆（C）］＜I＞：c	
指定圆的半径：	（捕捉三角形的上角点）

命令：_circle
指定圆的圆心或［三点（3P）/两点（2P）/相切、相切、半径（T）］：
(捕捉所绘圆的圆心)
指定圆的半径或［直径（D）］： (捕捉正方形的某一角点)

4）绘制正五边形。

命令：_polygon
输入边的数目 <4>：5
指定正多边形的中心点或［边（E）］： (捕捉已绘制圆的圆心)
输入选项［内接于圆（I）/外切于圆（C）］<C>：c
指定圆的半径： (捕捉大圆的下象限点)

5）缩放尺寸。

命令：_scale
选择对象：
指定对角点：找到5个 (选择整个图形)
选择对象： (回车)
指定基点： (在窗口任意指定一点)
指定比例因子或［参照（R）］：r
指定参照长度 <1>： (捕捉正五边形左角点)
指定第二点：<正交 关> (捕捉正五边形右角点)
指定新长度：75

【图例练习11】按图4-18所示尺寸绘图。

图4-18　正多边形绘图（二）

操作过程：
1）绘制中心线。

命令：_line

指定第一点：＜正交 开＞　　　　　　（在窗口任意位置单击鼠标左键，确定第一点）

指定下一点或［放弃（U）］：　　　　　　　　　　　　　　　（长度任意指定）

指定下一点或［放弃（U）］：　　　　　　　　　　　　　　　　　　（回车）

命令：LINE

指定第一点：　　　　　　　　（在窗口任意位置单击鼠标左键，确定第一点）

指定下一点或［放弃（U）］：　　　　（绘制与水平线相交的垂直线，长度任意指定）

指定下一点或［放弃（U）］：　　　　　　　　　　　　　　　　　　（回车）

2）绘制大圆和正六边形。

命令：_circle

指定圆的圆心或［三点（3P）/两点（2P）/相切、相切、半径（T）］：

（捕捉中心线的交点）

指定圆的半径或［直径（D）］＜29.9026＞：35

命令：_polygon 输入边的数目 ＜5＞：6

指定正多边形的中心点或［边（E）］：　　　　　　　　（捕捉中心线的交点）

输入选项［内接于圆（I）/外切于圆（C）］＜C＞：I　　　　　　（回车）

指定圆的半径：　　　　　　　　　　　　　　　　　　（捕捉圆的下象限点）

3）连接六边形角线。

命令：_line

指定第一点：　　　　　　　　　　　　　　　　　（捕捉六边形的一个角点）

指定下一点或［放弃（U）］：＜极轴 开＞＜对象捕捉追踪 关＞＜极轴 关＞

（捕捉六边形的另一个角点）

指定下一点或［闭合（C）/放弃（U）］：　　　　　　　　　　　　（回车）

命令：LINE

指定第一点：　　　　　　　　　　　　　　　　　（捕捉六边形的一个角点）

指定下一点或［放弃（U）］：　　　　　　　　　　（捕捉六边形的另一个角点）

指定下一点或［放弃（U）］：　　　　　　　　　　　　　　　　　（回车）

命令：LINE

指定第一点：　　　　　　　　　　　　　　　　　（捕捉六边形的一个角点）

指定下一点或［放弃（U）］：　　　　　　　　　　（捕捉六边形的另一个角点）

指定下一点或［放弃（U）］：　　　　　　　　　　　　　　　　　（回车）

4）绘制正方形和小圆。用极坐标先画好经过中心线交点的任意长度的45°线，确定小正方形的第一点，再用"极轴""对象捕捉追踪"等工具画好四条边，最后画出内部相切的小圆。

命令：_line

指定第一点： （捕捉圆心）

指定下一点或〔放弃（U）〕：@30 < 45

指定下一点或〔放弃（U）〕： （回车）

命令：_line

指定第一点： （捕捉刚才所绘直线与六边形对角线的交点）

指定下一点或〔放弃（U）〕：< 极轴 开 > < 对象捕捉追踪 开 > < 对象捕捉追踪 开 >

（捕捉极轴反向延长线与六边形左边对角线的交点）

指定下一点或〔放弃（U）〕： （捕捉极轴垂线与六边形对角线的下方交点）

指定下一点或〔闭合（C）/放弃（U）〕：

（捕捉极轴垂线的反向延长线与六边形右边对角线的交点）

指定下一点或〔闭合（C）/放弃（U）〕：

（捕捉@30 < 45 斜线与六边形对角线的交点）

指定下一点或〔闭合（C）/放弃（U）〕： （回车）

命令：_circle

指定圆的圆心或〔三点（3P）/两点（2P）/相切、相切、半径（T）〕：

（捕捉中心线的交点）

指定圆的半径或〔直径（D）〕< 35. 0000 >： （捕捉正方形的中点）

命令：_erase

选择对象：找到 1 个 （选择@30 < 45 斜线）

选择对象： （回车）

特别提醒：

以下参数需要特别注意：

1）边的数目：输入正多边形的边数。

2）中心点：指定绘制的正多边形的中心点。

3）边（E）：采用输入其中一条边的方式产生正多边形。

4）内接于圆（I）：绘制的多边形内接于随后定义的圆。

5）外切于圆（C）：绘制的正多边形外切于随后定义的圆。

6）圆的半径：定义内切圆或外接圆的半径。

实 战 篇

【图例练习】绘制我的家园，如图 4-19 所示。

图 4-19　绘制我的家园

操作过程：本例属主观发挥题，虽无具体的尺寸，但关系到学生的生活体验、园林美感以及所学知识的应用能力，下面介绍主要绘图过程。

1）绘制小房子，如图 4-20 所示。其中门的尺寸可自定。

图 4-20　绘制小房子

① 绘制一个长为 5000，宽为 3000 的矩形。

```
命令：_line
指定第一点：                                         （任意指定一点）
指定下一点或［放弃（U）］：＜正交 开＞ 5000
指定下一点或［放弃（U）］：3000
指定下一点或［放弃（U）］：5000
指定下一点或［放弃（U）］：                             （回车）
指定下一点或［闭合（C）/放弃（U）］：                    （捕捉端点）
```

② 将矩形上边线两端点分别向外偏移 250。

```
命令：_offset                                          （"偏移"命令）
指定偏移距离或［通过（T）］＜通过＞：250
选择要偏移的对象或 ＜退出＞：                           （选择对象）
指定点以确定偏移所在一侧：                             （指定点）
选择要偏移的对象或 ＜退出＞：                           （选择对象）
指定点以确定偏移所在一侧：                             （指定点）
选择要偏移的对象或 ＜退出＞：                           （回车）
```

③ 将长度为5000的矩形上水平线左右两端点分别向外延伸250。

```
命令：_extend                                          （"延伸"命令）
当前设置：投影＝UCS，边＝无
选择边界的边...
选择对象：找到1个
选择对象：找到1个，总计2个
选择对象：                                             （回车）
选择要延伸的对象，或按住 Shift 键选择要修剪的对象，或［投影（P）/边（E）/放
弃（U）］：                               （对照图4-20，进行适当延伸）
选择要延伸的对象，或按住 Shift 键选择要修剪的对象，或［投影（P）/边（E）/放
弃（U）］：                                             （回车）
```

④ 绘制"三角形"屋顶。

```
命令：_line
指定第一点：                               （指定矩形上边线的中点）
指定下一点或［放弃（U）］：1300
指定下一点或［放弃（U）］：＜正交 关＞                    （捕捉端点）
指定下一点或［闭合（C）/放弃（U）］：                     （回车）
命令：LINE
指定第一点：                                            （捕捉端点）
指定下一点或［放弃（U）］：                               （捕捉端点）
指定下一点或［放弃（U）］：                               （回车）
```

⑤ 删除多余的线。

```
命令：_erase                                           （"删除"命令）
选择对象：找到1个
选择对象：找到1个，总计2个
选择对象：找到1个，总计3个
选择对象：                                             （回车）
```

⑥ 捕捉矩形下边线中点，绘制高为 2000，宽为 600 的矩形，此矩形为门的一半。

```
命令：_line
指定第一点：                                              （捕捉中点）
指定下一点或 [放弃（U）]：<正交 开> 2000
指定下一点或 [放弃（U）]：600
指定下一点或 [闭合（C）/放弃（U）]：2000
指定下一点或 [闭合（C）/放弃（U）]：                      （回车）
命令：_circle
指定圆的圆心或 [三点（3P）/两点（2P）/相切、相切、半径（T）]：<对象捕捉
关>                    （可在矩形下边线中点处，高为 2000 的线段上任意选取）
指定圆的半径或 [直径（D）] <75.7552>：25        （自定半径或直径，并回车）
```

⑦ 利用"镜像"命令绘制门的左半边。

```
命令：_mirror                                          （"镜像"命令）
选择对象：找到 1 个
选择对象：找到 1 个，总计 2 个
选择对象：                                              （回车）
指定镜像线的第一点：                                    （捕捉点）
指定镜像线的第二点：                                    （捕捉点）
是否删除源对象？[是（Y）/否（N）] <N>：                  （回车）
```

2）绘制烟囱。可用"直线"和"修剪"等相关命令完成，如图 4-21 所示。

图 4-21　绘制烟囱

3）绘制烟圈，如图 4-22 所示。

图 4-22　绘制烟圈

命令：_circle
指定圆的圆心或［三点（3P）/两点（2P）/相切、相切、半径（T）］：t
指定圆的半径或［直径（D）］：　　　　　　　　　　　　　　　（任意）
CIRCLE
指定圆的圆心或［三点（3P）/两点（2P）/相切、相切、半径（T）］：t
指定圆的半径或［直径（D）］＜151. 5105＞：　　　　　　　　（任意）
CIRCLE
指定圆的圆心或［三点（3P）/两点（2P）/相切、相切、半径（T）］：t
指定圆的半径或［直径（D）］＜132. 5717＞：　　　　　　　　（任意）
CIRCLE
指定圆的圆心或［三点（3P）/两点（2P）/相切、相切、半径（T）］：t
指定圆的半径或［直径（D）］＜113. 6329＞：　　　　　　　（任意，并回车）

4）填充砖块图案，如图 4-23 所示。

图 4-23　填充砖块

园林 CAD

命令：_bhatch （"填充"命令）

选择内部点：正在选择所有对象…

正在选择所有可见对象…

正在分析所选数据…

正在分析内部孤岛…

选择内部点：

正在分析内部孤岛…

选择内部点：

拾取或按 Esc 键返回到对话框或 ＜单击右键接受图案填充＞：

命令：＜线宽 开＞ （调整房子线宽）

5）绘制门对联，如图4-24所示。先用"偏移"命令绘出对联外围矩形，然后可在矩形中编辑文字，其中外围矩形尺寸可自定义。

图4-24　绘制门对联

命令：_offset （"偏移"命令）

指定偏移距离或［通过（T）］＜250.0000＞：150

选择要偏移的对象或 ＜退出＞： （选择小房子门中线）

指定点以确定偏移所在一侧： （在小房子门中线的左侧任意位置单击鼠标左键）

选择要偏移的对象或 ＜退出＞： （回车）

命令：OFFSET

指定偏移距离或［通过（T）］＜150.0000＞：200

选择要偏移的对象或 ＜退出＞： （选择小房子左门上边线）

指定点以确定偏移所在一侧：（在小房子左门上边线的下方任意位置单击鼠标左键）

选择要偏移的对象或 ＜退出＞： （回车）

命令：OFFSET

指定偏移距离或［通过（T）］＜1200.0000＞：250

选择要偏移的对象或 ＜退出＞： （选择刚才距离150的偏移线）

指定点以确定偏移所在一侧：　　　（在距离 150 偏移线的左侧任意位置单击鼠标左键）

选择要偏移的对象或 ＜退出＞：＊取消＊

命令：OFFSET

指定偏移距离或［通过（T）］＜400.0000＞：1200

选择要偏移的对象或 ＜退出＞：　　　　　　　　　（选择小房子左门上边线）

指定点以确定偏移所在一侧：（在小房子左门上边线的下方任意位置单击鼠标左键）

选择要偏移的对象或 ＜退出＞：　　　　　　　　　　　　　（回车）

命令：OFFSET

命令：_trim

当前设置：投影 = UCS，边 = 无

选择剪切边 . . .

选择对象：找到 1 个，总计 3 个

选择对象：总计 4 个　　　　　　　　　　　　　　（选择门对联线，回车）

选择要修剪的对象，或按住 Shift 键选择要延伸的对象，或［投影（P）/边（E）/放弃（U）］：　　　　　　　　（对照图 4-24 的"对联"，剪去多余部分的线，回车）

命令：_mirror　　　　　　　　　　　　　　　　　　（"镜像"命令）

选择对象：指定对角点：找到 4 个　　　　　　　　　（选择门对联线）

选择对象：　　　　　　　　　　　　　　　　　　（回车）

指定镜像线的第一点：　　　　　　　　　　　（捕捉门中线的一点）

＜对象捕捉 开＞指定镜像线的第二点：　　　　　（捕捉门中线的另一点）

是否删除源对象？［是（Y）/否（N）］＜N＞：　　　　　（回车）

命令：_mtext

　　　　　（"多行文字"命令，并设置当前文字样式：Standard。当前文字高度：2.5）

指定第一角点：　　　　　　　　　　　　　　　（任意指定）

指定对角点或［高度（H）/对正（J）/行距（L）/旋转（R）/样式（S）/宽度（W）］：

　　　　　　　　　　　　　　　　　（输入文字"福如东海"，高度 100）

命令：_mirror

选择对象：找到 1 个

选择对象：找到 1 个，总计 2 个

选择对象：　　　　　　　　　　　　　　　　　　（回车）

指定镜像线的第一点：　　　　　　　　　　　（捕捉门中线的第一点）

＜对象捕捉 开＞指定镜像线的第二点：　　　　　（捕捉门中线的另一点）

是否删除源对象？［是（Y）/否（N）］＜N＞：　　　　　（回车）

命令：_mtedit　　　　　　　（其中一个"福如东海"改为"寿比南山"）

6）绘制家园环境。

① 道路区划。关键是弧线自然、优美，如图 4-25 所示。

图 4-25　道路区划

命令：_spline　　　　　　　　　　　　　　　　　　　　　　　（"样条曲线"命令）

指定第一个点或［对象（O）］：　　　　　　　　　　　　　　　　　　（指定起点）

指定下一点：　　　　　　　　　　　　　　　　　　　　　　　　（指定下一点）

指定下一点或［闭合（C）/拟合公差（F）］＜起点切向＞：　　　　　　　（指定下一点）

指定下一点或［闭合（C）/拟合公差（F）］＜起点切向＞：　　　　　　　（指定下一点）

指定下一点或［闭合（C）/拟合公差（F）］＜起点切向＞：　　　　　　　　　　（回车）

指定起点切向：　　　　　　　　　　　　　（按图 4-25 大样调整，单击鼠标左键）

指定端点切向：　　　　　　　　　　　　　（按图 4-25 大样调整，单击鼠标左键）

命令：_spline

指定第一个点或［对象（O）］：　　　　　　　　　　　　　　　　　　（指定起点）

指定下一点：　　　　　　　　　　　　　　　　　　　　　　　　（指定下一点）

指定下一点或［闭合（C）/拟合公差（F）］＜起点切向＞：　　　　　　　（指定下一点）

指定下一点或［闭合（C）/拟合公差（F）］＜起点切向＞：　　　　　　　（指定下一点）

指定下一点或［闭合（C）/拟合公差（F）］＜起点切向＞：　　　　　　　　　　（回车）

指定起点切向：　　　　　　　　　　　　　（按图 4-25 大样调整，单击鼠标左键）

指定端点切向：　　　　　　　　　　　　　（按图 4-25 大样调整，单击鼠标左键）

命令：_spline

指定第一个点或［对象（O）］：　　　　　　　　　　　　　　　　　　（指定起点）

指定下一点：　　　　　　　　　　　　　　　　　　　　　　　　（指定下一点）

指定下一点或［闭合（C）/拟合公差（F）］＜起点切向＞：　　　　　　　（指定下一点）

指定下一点或［闭合（C）/拟合公差（F）］＜起点切向＞：　　　　　　　（指定下一点）

指定下一点或［闭合（C）/拟合公差（F）］＜起点切向＞：　　　　　　　　　　（回车）

指定起点切向：　　　　　　　　　　　　　（按图 4-25 大样调整，单击鼠标左键）

指定端点切向：　　　　　　　　　　　　　（按图 4-25 大样调整，单击鼠标左键）

---

② 画水池，如图 4-26 所示。

图 4-26 画水池

```
命令：_ellipse                                          （"椭圆"命令）
指定椭圆的轴端点或［圆弧（A）/中心点（C）］：           （任意指定）
指定轴的另一个端点：@5000，0
指定另一条半轴长度或［旋转（R）］：1000                    （回车）
命令：_offset
指定偏移距离或［通过（T）］<通过>：250
选择要偏移的对象或 <退出>：                         （选择刚绘制的椭圆）
指定点以确定偏移所在一侧：              （在椭圆内部任意位置单击鼠标左键）
选择要偏移的对象或 <退出>：                                  （回车）
```

③ 填充图案，如图 4-27 所示。

图 4-27 填充图案

```
命令：_bhatch               （外围任意画部分辅助线后再进行填充）
选择对象：找到 3 个                                    （填充草坪）
命令：_bhatch
选择对象：找到 3 个                                    （填充池水）
```

④ 树木、花和人等插件的应用，如图4-28所示。在园林平面图素材库中选择相应的插件图案，复制后调整其大小，再插入到图形中。

图4-28　插件的应用

命令：_copy
找到4个　　　　　　　　　　　　　　　　　　　　（树木、花等）
指定基点或位移：　　　　　　　　　　　　（捕捉需复制图案的中心点）
指定位移的第二点或＜用第一点作位移＞：　（在所绘图形适当位置单击鼠标左键）
指定位移的第二点：　　　　　　　　　　（在所绘图形适当位置单击鼠标左键）
指定位移的第二点：＊取消＊
命令：_copy
找到2个　　　　　　　　　　　（人、自行车等依次复制，方法同上）
指定基点或位移：　　　　　　　　　　　　（捕捉需复制图案的中心点）
指定位移的第二点或＜用第一点作位移＞：　（在所绘图适当位置单击鼠标左键）
指定位移的第二点：　　　　　　　　　　（在所绘图形适当位置单击鼠标左键）
指定位移的第二点：＊取消＊
命令：_scale　　　　　　　　　　　　　　　　　（"缩放"命令）
选择对象：　　　　　　　　　　　　（选择需调整大小的插入图案对象）
选择对象：　　　　　　　　　　　　　　　　　　　　（回车）
指定基点：　　　　　　　　　　　　　　（捕捉需缩放图案的中心点）
指定比例因子或［参照（R）］：3/4　　（缩放比例依图形整体效果而定，回车）

提　高　篇

【图例练习1】绘制图4-29。

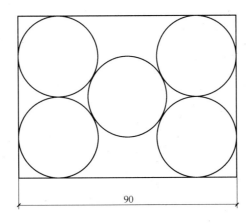

图 4-29　绘制几何图形（一）

　　操作过程：本题的关键是必须由内向外绘图，先绘制好半径自定且符合题意要求的同等大小的 5 个圆，再绘制与 4 个圆相切的矩形。最后值得提醒的是"缩放"工具的合理应用，应该要正确理解"参照缩放"的使用。

　　1）先绘制内部相切的 5 个圆。

　　① 绘制 1 个圆。

命令：_circle

指定圆的圆心或［三点（3P）/两点（2P）/相切、相切、半径（T）］：

（窗口中任意指定圆心位置）

指定圆的半径或［直径（D）］：10

---

　　② 再利用两个圆，如图 4-30 所示

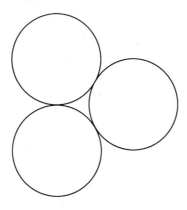

图 4-30　复制后的圆

命令：_copy　　　　　　　　　　　　　　　　　　　　　　　（"复制"命令）

选择对象：找到 1 个

指定基点或位移：＜对象捕捉 关＞ ＜对象捕捉 开＞指定位移的第二点或

（捕捉已绘好圆的圆心）

<用第一点作位移>：@0，20
指定位移的第二点：@20＜30
指定位移的第二点： (回车)

③ 镜像后得到右边两个圆，如图 4-31 所示。

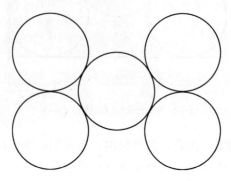

图 4-31　镜像后的图

命令：_mirror (“镜像”命令)
选择对象：找到 1 个
选择对象：找到 1 个，总计 2 个 (回车)
指定镜像线的第一点： (捕捉右侧的圆心)
指定镜像线的第二点：＜正交 开＞ (任意指定垂线的第二点)
是否删除源对象？[是（Y）/否（N）]＜N＞： (回车)

2）绘制外切矩形。
① 采取分别捕捉圆的两个象限点，绘制左边和下边的切线各一条。

命令：_line
指定第一点：_tan 到 (捕捉左上方圆的上象限点)
指定下一点或［放弃（U）］：_tan 到 (捕捉右上方圆的上象限点)
指定下一点或［放弃（U）］： (回车)
命令：LINE
指定第一点：_tan 到 (捕捉左上方圆的左象限点)
指定下一点或［放弃（U）］：_tan 到 (捕捉左下方圆的左象限点)
指定下一点或［放弃（U）］： (回车)

② 用“镜像”工具得到另外两条切线，如图 4-32 所示。

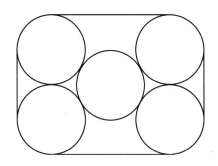

图 4-32　绘制 4 条切线

```
命令：_mirror
选择对象：找到 1 个                                     （选择圆上方切线）
选择对象：                                             （回车）
指定镜像线的第一点：                                    （捕捉中间的圆心）
指定镜像线的第二点：                                    （捕捉右侧两圆的交点）
是否删除源对象？［是（Y)/否（N）］＜N＞：                （回车）
命令：MIRROR
选择对象：找到 1 个                                     （选择圆左边切线）
选择对象：                                             （回车）
指定镜像线的第一点：                                    （捕捉中间的圆心）
指定镜像线的第二点：                                    （任意指定垂线的第二点）
是否删除源对象？［是（Y)/否（N）］＜N＞：                （回车）
```

③ 延伸 4 条切线相交后得到矩形，如图 4-33 所示。

54.64

图 4-33　绘制外切矩形

命令：_extend   （"延伸"命令）
　　当前设置：投影＝UCS，边＝无
　　选择边界的边…
　　选择对象：指定对角点：找到9个   （选择整个图形）
　　选择对象：   （回车）
　　选择要延伸的对象，或按住 Shift 键选择要修剪的对象，或［投影（P）/边（E）/放
弃（U）］：
　　对象未与边相交
　　选择要延伸的对象，或按住 Shift 键选择要修剪的对象，或［投影（P）/边（E）/放
弃（U）］：e   （回车）
　　输入隐含边延伸模式［延伸（E）/不延伸（N）］＜不延伸＞：e   （回车）
　　选择要延伸的对象，或按住 Shift 键选择要修剪的对象，或［投影（P）/边（E）/放
弃（U）］：   （单击上方切线的左端）
　　选择要延伸的对象，或按住 Shift 键选择要修剪的对象，或［投影（P）/边（E）/放
弃（U）］：   （单击上方切线的右端）
　　选择要延伸的对象，或按住 Shift 键选择要修剪的对象，或［投影（P）/边（E）/放
弃（U）］：   （单击下方切线的左端）
　　选择要延伸的对象，或按住 Shift 键选择要修剪的对象，或［投影（P）/边（E）/放
弃（U）］：   （单击下方切线的右端）
　　选择要延伸的对象，或按住 Shift 键选择要修剪的对象，或［投影（P）/边（E）/放
弃（U）］：   （单击右侧切线的上端）
　　选择要延伸的对象，或按住 Shift 键选择要修剪的对象，或［投影（P）/边（E）/放
弃（U）］：   （单击右侧切线的下端）
　　选择要延伸的对象，或按住 Shift 键选择要修剪的对象，或［投影（P）/边（E）/放
弃（U）］：   （单击左侧切线的上端）
　　选择要延伸的对象，或按住 Shift 键选择要修剪的对象，或［投影（P）/边（E）/放
弃（U）］：   （单击左侧切线的下端）
　　选择要延伸的对象，或按住 Shift 键选择要修剪的对象，或［投影（P）/边（E）/放
弃（U）］：   （回车）

3）缩放图形尺寸。

命令：_scale   （"缩放"命令）
　　选择对象：   （选择要缩放的图形）
　　指定对角点：找到9个   （回车）
　　选择对象：   （任意指定）
　　指定基点：
　　指定比例因子或［参照（R）］：R
　　指定参照长度 ＜1＞：指定第二点：
　　指定新长度：90

4）标注尺寸[⊖]。按照图 4-1，标注相应尺寸。

【图例练习 2】绘制图 4-34。

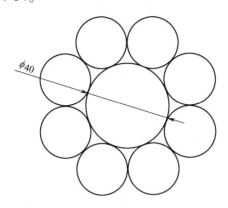

图 4-34 绘制几何图形（二）

操作过程： 本例与上题正好相反，应该从外向内绘制，先任意绘制一个正八边形，以多边形顶点为圆心，边长为直径，画 8 个同样大小的圆，在此基础上画出内部相切的大圆，最后调整其大小。

1）绘制正八边形。

命令：_polygon
输入边的数目 ＜4＞：8
指定正多边形的中心点或〔边（E）〕：   （任意指定）
输入选项〔内接于圆（I）/外切于圆（C）〕＜I＞：c   （回车）
指定圆的半径：＜正交 开＞任意指定

2）绘制 8 个小圆。

① 绘制 4 个圆。分别以多边形角点为圆心，边长为半径，绘制图 4-34 中左侧的 4 个圆。

命令：_circle
指定圆的圆心或〔三点（3P）/两点（2P）/相切、相切、半径（T）〕：
                                                （捕捉多边形角点）
指定圆的半径或〔直径（D）〕：＜正交 关＞   （捕捉多边形中点）
命令：CIRCLE
指定圆的圆心或〔三点（3P）/两点（2P）/相切、相切、半径（T）〕：
                                                （捕捉多边形角点）
指定圆的半径或〔直径（D）〕＜99.6398＞：   （捕捉多边形中点）
命令：CIRCLE

[⊖] 由于每个图例都有明确的标注，按照相应的图便可完成，因此对于标注尺寸的命令将不作注释。——编者注

指定圆的圆心或［三点（3P）/两点（2P）/相切、相切、半径（T）］：

（捕捉多边形角点）

指定圆的半径或［直径（D）］<99.6398>：　　　　　　　　（捕捉多边形中点）

命令：CIRCLE

指定圆的圆心或［三点（3P）/两点（2P）/相切、相切、半径（T）］：

（捕捉多边形角点）

指定圆的半径或［直径（D）］<99.6398>：　　　　　　　　（捕捉多边形中点）

② 用"镜像"工具得到右侧的 4 个圆。

命令：_mirror

选择对象：指定对角点：找到 2 个

选择对象：找到 1 个，总计 3 个

选择对象：找到 1 个，总计 4 个

选择对象：　　　　　　　　　　　　　　　　　　　　　　　（回车）

指定镜像线的第一点：　　　　　　　　（捕捉正八边形上水平边的中点）

指定镜像线的第二点：　　　　　　　　（捕捉正八边形下水平边的中点）

是否删除源对象？［是（Y）/否（N）］<N>：　　　　　　　（回车）

3）绘制相切的内圆。

命令：_circle

指定圆的圆心或［三点（3P）/两点（2P）/相切、相切、半径（T）］：_3p

指定圆上的第一个点：_tan 到

指定圆上的第二个点：_tan 到

指定圆上的第三个点：_tan 到

4）删除正八边形。

命令：_erase

选择对象：找到 1 个

选择对象：　　　　　　　　　　　　　　　　　　　　　　　（回车）

5）缩放尺寸。

命令：_scale

选择对象：

指定对角点：找到 9 个　　　　　　　　　　　　　　　　（选择整个图形）

选择对象：　　　　　　　　　　　　　　　　　　　　　　　（回车）

指定基点：　　　　　　　　　　　　　　　　　　　　　　　（任意指定）

指定比例因子或［参照（R）］：r

指定参照长度 <1>：指定第二点：

指定新长度：40　　　　　　　　　　　　　　　　　　　　　（回车）

思 考 题

1. 在图形中进行文字标注有哪些要求？

2. 在文字输入时，字高应如何确定？

3. 文字样式与字体之间有何不同？一个文字样式可否使用两种中文字体？一种中文文字可否被不同的文字样式使用？

4. 选择字体时需要考虑什么因素？

5. 已经用 ROMANS 字体写入了一段多行文字，但它应该是斜体的，怎样改正？

6. 打开某图形文件中的中文显示为若干"？"，应如何修改方可使文字正常显示？

7. 修改已经使用的文字样式对原图有何影响？这种情况对单行文字和多行文字的影响相同吗？

8. 启动一个新图，在图形中创建文字样式，要求文字样式名为 FSX，字体为"仿宋-GB2312"，字体高度为 0，文字的宽度比例为 0.7，高度的倾斜角度为 15 度，并进行文字输入。

9. 要使镜像的文字不发生反向，应如何设置？

10. 按图 4-35 所示尺寸绘制图形。

图 4-35 绘制图形（一）

11. 按图 4-36 所示尺寸绘制图形。

图 4-36 绘制图形（二）

12. 按图 4-37 所示尺寸绘制图形。

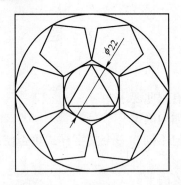

图 4-37 绘制图形 (三)

13. 按图 4-38 所示尺寸绘制图形。

图 4-38 绘制图形 (四)

项目五

绘制石凳平面图和立面图

 学习目标

1. 熟练运用样条曲线、椭圆、缩放、正多边形和文字等已学工具进行绘图。
2. 掌握复制、移动、标注等新工具的运用技术。
3. 熟悉复制、移动、标注等工具的使用注意事项。
4. 学会"石凳平面图和立面图"的绘制。

 学习难点

1. 标注样式的设定。
2. 标注的实际应用。

知 识 篇

【复制】 ＜copy＞

【图例练习1】用"复制"工具绘图，如图5-1所示。

图5-1 用"复制"工具绘制几何图形

操作过程：

1）绘制半径为5的圆。

命令：_circle

指定圆的圆心或 ［三点 （3P）/两点 （2P）/相切、相切、半径 （T）］:

(在窗口任意位置指定圆心)

指定圆的半径或 ［直径 （D）］: 5

2）单击"修改"面板上的"复制"工具，水平方向复制 3 个半径为 5 的圆。

命令：_copy   （"复制"命令）

选择对象：＜正交 开＞ 找到 1 个

选择对象：   (回车)

指定基点或位移：

指定位移的第二点或 ＜用第一点作位移＞: 10   (光标拖向右方后 10，回车)

指定位移的第二点: 20   (光标拖向右方后 20，回车)

指定位移的第二点: 30   (光标拖向右方后 30，回车)

指定位移的第二点: (回车)

3）重复复制上方的圆。

命令：COPY

选择对象：找到 1 个

选择对象：找到 1 个，总计 2 个

选择对象：找到 1 个，总计 3 个   （选择左边的 3 个圆）

选择对象：   (回车)

指定基点或位移：   （捕捉左边第一个圆的圆心）

指定位移的第二点或 ＜用第一点作位移＞: @10＜60

指定位移的第二点: (回车)

命令：COPY

选择对象：找到 1 个

选择对象：找到 1 个，总计 2 个

选择对象：找到 1 个，总计 3 个   （选择左下角的 3 个圆）

选择对象：   (回车)

指定基点或位移：   （捕捉左下角圆的圆心）

指定位移的第二点或 ＜用第一点作位移＞: @20＜60

指定位移的第二点: (回车)

特别提醒：

1）复制对象应充分利用各种选择对象的方法。

2）在确定位移时应充分利用诸如对象捕捉等精确绘图的辅助工具。

3）利用 Wndows 剪贴板，可以在图形文件之间或内部进行对象复制。

【移动】 < move >

"移动"命令可以将一个或一组对象从一个位置移动到另一个位置。

【图例练习2】用"移动"工具绘图，如图5-2所示。

图5-2　用"移动"工具绘图

操作过程：单击"修改"面板上的"移动"工具

命令：_move	（"移动"命令）
选择对象：找到1个	（单击圆）
选择对象：	（回车）
指定基点或位移：	（捕捉圆的左象限点）
指定位移的第二点或 <用第一点作位移>：	（捕捉椭圆的轴端B点）

【标注】

一般说来，在进行尺寸标注之前，先要设定标注样式，但为了使大家对 AutoCAD 的尺寸标注有一个大致的了解，在这里，先给大家介绍一下如何进行尺寸标注。此时所作的尺寸标注使用了默认标注样式，即名称为"ISO-25"的标注样式。

1. 线性标注 < dimlinear >

线性尺寸指两点之间的水平或垂直距离尺寸。

【图例练习3】用"线性"标注工具标注矩形 AB 和 BC 的尺寸，如图5-3所示。

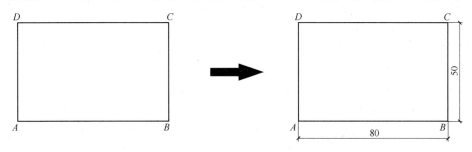

图5-3　线性标注图形

操作过程：单击"标注"面板上的"线性"工具。

命令：_dimlinear	
指定第一条尺寸界线原点或 <选择对象>：	（捕捉 A 点）
指定第二条尺寸界线原点：	（捕捉 B 点）

指定尺寸线位置或

[多行文字（M）/文字（T）/角度（A）/水平（H）/垂直（V）/旋转（R）]：

标注文字 = 80

命令：DIMLINEAR

指定第一条尺寸界线原点或 ＜选择对象＞：　　　　　　　　　　　（捕捉 *B* 点）

指定第二条尺寸界线原点：　　　　　　　　　　　　　　　　　（捕捉 *C* 点）

指定尺寸线位置或

[多行文字（M）/文字（T）/角度（A）/水平（H）/垂直（V）/旋转（R）]：

　　　　　　　　　　　　　　　　　　　　　　　　　　　　　（任意指定）

标注文字 = 50

2. 对齐标注 ＜dimaligned＞

对于倾斜的线性尺寸，可以通过对齐尺寸标注自动获取其大小进行平行标注。

【图例练习 4】用"对齐"标注工具标注三角形的尺寸，如图 5-4 所示。

图 5-4　对齐标注图形

操作过程：

命令：_dimaligned

指定第一条尺寸界线原点或 ＜选择对象＞：　　　（捕捉三角形水平边的左端点）

指定第二条尺寸界线原点：　　　　　　　　　　　（捕捉三角形水平边的右端点）

指定尺寸线位置或

[多行文字（M）/文字（T）/角度（A）]：　　　　　　　　　　　（任意指定）

标注文字 = 100

命令：DIMALIGNED

指定第一条尺寸界线原点或 ＜选择对象＞：　　　（捕捉三角形左斜边的下端点）

指定第二条尺寸界线原点：＜正交 关＞　　　　　（捕捉三角形左斜边的上端点）

指定尺寸线位置或

[多行文字（M）/文字（T）/角度（A）]：　　　　　　　　　　　（任意指定）

标注文字 = 85

命令：DIMALIGNED

指定第一条尺寸界线原点或 ＜选择对象＞：　　　（捕捉三角形右斜边的下端点）

指定第二条尺寸界线原点：　　　　　　　　　　　（捕捉三角形右斜边的上端点）

　　指定尺寸线位置或

　　［多行文字（M）/文字（T）/角度（A）］：　　　　　　（任意指定）

　　标注文字 = 45

3. 基线标注 < dimbaseline >

　　基线尺寸标注用于绘制基于同一条尺寸界线的一系列相关的平行标注，标注过程无须手动设置两条尺寸线之间的间隔。本命令适用于线性、对齐、坐标及角度标注类型的基线标注。

　　【图例练习 5】用"基线"标注工具标注图形的尺寸，如图 5-5 所示。

图 5-5　"基线"标注图形

操作过程：

　　命令：_dimlinear

　　指定第一条尺寸界线原点或 < 选择对象 >：　　（捕捉左侧长度为 20 的水平线左端点）

　　指定第二条尺寸界线原点：　　　　　　　　　　（捕捉左侧长度为 20 的水平线右端点）

　　指定尺寸线位置或

　　［多行文字（M）/文字（T）/角度（A）/水平（H）/垂直（V）/旋转（R）］：

　　　　　　　　　　　　　　　　　　　　　　　　　　　　　　　　（任意指定）

　　标注文字 = 20

　　命令：_dimbaseline

　　指定第二条尺寸界线原点或［放弃（U）/选择（S）］< 选择 >：

　　　　　　　　　　　　　　　　　　　　　（捕捉标注长度为 30 的水平线右端点）

　　标注文字 = 30

　　指定第二条尺寸界线原点或［放弃（U）/选择（S）］< 选择 >：

　　　　　　　　　　　　　　　　　　　　　（捕捉标注长度为 40 的水平线右端点）

　　标注文字 = 40

　　指定第二条尺寸界线原点或［放弃（U）/选择（S）］< 选择 >：　　　　　（回车）

　　命令：_dimlinear

　　指定第一条尺寸界线原点或 < 选择对象 >：（捕捉左侧长度为 20 的竖直线下端点）

　　指定第二条尺寸界线原点：　　　　　　　　　（捕捉左侧长度为 20 的竖直线上端点）

指定尺寸线位置或

[多行文字（M）/文字（T）/角度（A）/水平（H）/垂直（V）/旋转（R）]：

（任意指定）

标注文字 = 20

命令：_dimbaseline

指定第二条尺寸界线原点或[放弃（U）/选择（S）] <选择>：

（捕捉左侧标注长度为 26 的竖直线上端点）

标注文字 = 26

指定第二条尺寸界线原点或[放弃（U）/选择（S）] <选择>：

（捕捉左侧标注长度为 36 的竖直线上端点）

标注文字 = 36

指定第二条尺寸界线原点或[放弃（U）/选择（S）] <选择>：　　　（回车）

4. 连续标注 <dimcontinue>

对于首尾相连，排成一排的连续尺寸，可以进行连续标注。本命令适用于线性、对齐、坐标及角度标注类型的连续标注。

【图例练习 6】用"连续"标注工具标注图形的尺寸，如图 5-6 所示。

图 5-6　"连续"标注尺寸

操作过程：

命令：_dimlinear

指定第一条尺寸界线原点或 <选择对象>：　（捕捉左侧长度为 20 的竖直线下端点）

指定第二条尺寸界线原点：　　　　　（捕捉左侧长度为 20 的竖直线上端点）

指定尺寸线位置或

[多行文字（M）/文字（T）/角度（A）/水平（H）/垂直（V）/旋转（R）]：

（任意指定）

标注文字 = 20

命令：_dimlinear

指定第一条尺寸界线原点或 <选择对象>：　（捕捉右侧长度为 40 的竖直线下端点）

指定第二条尺寸界线原点：　　　　　（捕捉右侧长度为 40 的竖直线上端点）

指定尺寸线位置或

[多行文字（M）/文字（T）/角度（A）/水平（H）/垂直（V）/旋转（R）]：

（任意指定）

标注文字 = 40

命令：_dimlinear

指定第一条尺寸界线原点或 < 选择对象 >：　（捕捉标注长度为 15 的水平线左端点）

指定第二条尺寸界线原点：　　　　　（捕捉标注长度为 15 的水平线右端点）

指定尺寸线位置或

［多行文字（M）/文字（T）/角度（A）/水平（H）/垂直（V）/旋转（R）］：

（任意指定）

标注文字 = 15

命令：_dimcontinue

指定第二条尺寸界线原点或［放弃（U）/选择（S）］< 选择 >：

（捕捉标注长度为 10 的水平线右端点）

标注文字 = 10

指定第二条尺寸界线原点或［放弃（U）/选择（S）］< 选择 >：

（捕捉标注长度为 30 的水平线右端点）

标注文字 = 30

指定第二条尺寸界线原点或［放弃（U）/选择（S）］< 选择 >：

（捕捉标注长度为 10 的水平线右端点）

标注文字 = 10

指定第二条尺寸界线原点或［放弃（U）/选择（S）］< 选择 >：

（捕捉标注长度为 15 的水平线右端点）

标注文字 = 15

指定第二条尺寸界线原点或［放弃（U）/选择（S）］< 选择 >：

选择连续标注：＊取消＊

5. 直径标注 < dimdiameter >

对于直径尺寸，可以通过"直径"尺寸标注命令直接进行标注，AutoCAD 自动增加直径符号"φ"。

【图例练习 7】用"直径"标注工具标注图形的尺寸，如图 5-7 所示。

图 5-7　"直径"标注尺寸

操作过程：

> 命令：_dimdiameter
> 选择圆弧或圆：   （选择上部小圆弧）
> 标注文字 = 44
> 指定尺寸线位置或 [多行文字（M）/文字（T）/角度（A）]：   （任意指定）
> 命令：DIMDIAMETER
> 选择圆弧或圆：   （选择下部大圆弧）
> 标注文字 = 80
> 指定尺寸线位置或 [多行文字（M）/文字（T）/角度（A）]：   （任意指定）

6. 半径标注 <dimradius>

对于半径尺寸，AutoCAD 可以自动获取其半径大小进行标注，并且在数值前自动增加半径符号"R"，具体操作同直径标注。

7. 角度标注 <dimangular>

对于不平行的两条直线、圆弧或圆以及指定的三个点，AutoCAD 可以自动测量它们的角度并进行角度标注。

【图例练习8】用"角度"标注工具标注三角形的角度，如图5-8所示。

图5-8   "角度"标注尺寸

操作过程：

> 命令：_dimangular
> 选择圆弧、圆、直线或 <指定顶点>：   （选择第一条边）
> 选择第二条直线：   （选择第二条边）
> 指定标注弧线位置或 [多行文字（M）/文字（T）/角度（A）]：
>   （选择适当位置，单击鼠标左键）
> 标注文字 = 38.5
> 命令：DIMANGULAR
> 选择圆弧、圆、直线或 <指定顶点>：   （选择第一条边）
> 选择第二条直线：   （选择第二条边）
> 指定标注弧线位置或 [多行文字（M）/文字（T）/角度（A）]：
>   （选择适当位置，单击鼠标左键）
> 标注文字 = 87
> 命令：DIMANGULAR

选择圆弧、圆、直线或 ＜指定顶点＞： （选择第一条边）

选择第二条直线： （选择第二条边）

指定标注弧线位置或［多行文字（M）/文字（T）/角度（A）］：

（选择适当位置，单击鼠标左键）

标注文字 = 54.5

8. 引线标注 ＜qleader＞

在图形中经常需要对一些部分进行注释，这就需要绘制引线标注。引线标注一般由箭头、引线和文字组成。引线标注不测量尺寸。

【图例练习9】用"引线"和"公差"工具标注图形，如图5-9所示。

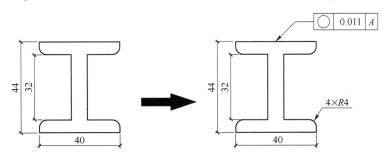

图5-9 "引线"标注尺寸

操作过程： 在"引线"面板和"标注"面板上分别选取"多重引线"与"公差"工具，按照题意要求，进行注释。

命令：_mleader （"多重引线"命令）

指定引线箭头的位置或［引线基线优先（L）/内容优先（C）/选项（O）］＜选项＞：

指定引线基线的位置： （捕捉引线的基点，输入4XR4，回车）

命令：_mleader

指定引线箭头的位置或［引线基线优先（L）/内容优先（C）/选项（O）］＜选项＞：

指定引线基线的位置： （捕捉引线的基点，回车）

（点击形位公差，输入相关数据，回车。捕捉基线端点，点中引线箭头，修改大小）

特别提醒：

1）标注组成要素：尺寸线、尺寸界线、尺寸起止符号（或称尺寸箭头）、尺寸数字。

2）尺寸标注单位：图形对象的大小以尺寸数值所表示的大小为准。图上的尺寸单位，除标高及总平面图以米为单位外，均必须以毫米为单位。

3）尺寸标注所用文字应符合文字注写要求，通常数字高不小于2.5mm，中文字高应不小于3.5mm；尺寸线和尺寸界线采用细实线，起止符采用中实线，但半径、直径、角度与弧长的尺寸起止符，宜用箭头表示。

4）尺寸数字和图线重合时，必须将图线断开。如果图线不便于断开时，应该调整尺寸标注的位置。尺寸标注应尽可能集中放置整齐，方便查找。放置时，上尺寸应离图样较近，大尺寸应离图样较远。

5）由于尺寸标注样式设定较为繁琐，应将设定好的标注样式保存到常用的样板文件中。

6）为尺寸标注建立专用的图层。建立专用的图层，可以控制尺寸的显示和隐藏，和其他的图线可以迅速分开，便于修改、预览。

7）为尺寸文本建立专门的文字样式。对照国家标准，应该设定好字符的高度、宽度系数、倾斜角度等。

8）按照制图标准创建尺寸标注样式，内容包括：直线和箭头、文字样式、调整对齐特性、单位、尺寸精度和比例因子等。

实 战 篇

【图例练习1】绘制石凳平面图并标注，如图 5-10 所示。

图 5-10　石凳平面图

操作过程：用"直线"和"偏移"工具绘制图形线，用"倒圆角"工具进行修改，最后用"特性"面板对对象特性进行修改，改为虚线。

1. 绘制石凳平面图

1）用"直线"绘制外围长为 1100，宽为 400 的矩形。

2）用"偏移"工具绘制内部虚线图形。可先将矩形上、下边线分别向内部偏移 50，将矩形左、右边线分别向矩形内部偏移 150；然后绘出虚线图形。

3）用"修剪"工具对已绘图形进行处理，剪去多余部分。

4）对外围的直角矩形进行倒圆角，变为圆角矩形。

```
命令：_fillet                                              （"倒圆角"命令）
当前设置：模式＝修剪，半径＝0
选择第一个对象或［多段线（P)/半径（R)/修剪（T)/多个（U)］：r 指定圆角半
径 ＜0.0000＞：25
```

选择第一个对象或［多段线（P）/半径（R）/修剪（T）/多个（U）］：	
	（选择第一条边）
选择第二个对象：	（选择第二条边）

其余各边进行类似的处理。

2. 标注石凳平面图

对照图 5-10，标注相应尺寸。

【图例练习 2】绘制石凳立面图并标注，如图 5-11 所示。

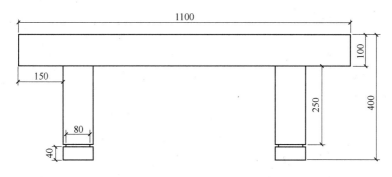

图 5-11　石凳立面图

操作过程：本例主要采用"直线""复制""移动"等工具进行绘图。

1）绘制石凳立面图。

命令：_line	
指定第一点：	（在窗口任意指定第一点）
指定下一点或［放弃（U）］：＜正交 开＞1100	（回车）
指定下一点或［放弃（U）］：100	（回车）
指定下一点或［闭合（C）/放弃（U）］：1100	（回车）
指定下一点或［闭合（C）/放弃（U）］：＜对象捕捉 开＞　c	（回车）
命令：_line	
指定第一点：	（捕捉矩形左下角点）
指定下一点或［放弃（U）］：	（打开正交，绘制长度为 250 的竖直线）
指定下一点或［放弃（U）］：	（回车）
命令：_copy	（"复制"命令）
选择对象：找到 1 个	
选择对象：	（选择长度为 250 的竖直线）
指定基点或位移：指定位移的第二点或＜用第一点作位移＞：@150，0	
指定位移的第二点：@250，0	
指定位移的第二点：@850，0	
指定位移的第二点：@950，0	

指定位移的第二点：

命令：_erase   （"删除"命令）

选择对象：

指定对角点：找到 1 个   （选择过矩形左下角点绘制的长度为 250 的竖直线）

选择对象：   （回车）

命令：_line

指定第一点：   （捕捉刚才复制的第一条长度为 250 的竖直线下端点）

指定下一点或 [放弃 (U)]：（捕捉刚才复制的第二条长度为 250 的竖直线下端点）

指定下一点或 [放弃 (U)]：   （回车）

命令：LINE

指定第一点：   （捕捉刚才复制的第三条长度为 250 的竖直线下端点）

指定下一点或 [放弃 (U)]：（捕捉刚才复制的第四条长度为 250 的竖直线下端点）

指定下一点或 [放弃 (U)]：   （回车）

命令：_line

指定第一点：   （打开正交，捕捉已复制的第一条长度为 250 的竖直线下端点）

指定下一点或 [放弃 (U)]：   （向下绘长度为 10 的竖直线）

指定下一点或 [放弃 (U)]：   （继续向下绘长度为 40 的竖直线）

指定下一点或 [闭合 (C)/放弃 (U)]：   （继续向右绘长度为 100 的水平线）

指定下一点或 [闭合 (C)/放弃 (U)]：   （继续向上绘长度为 40 的竖直线）

指定下一点或 [闭合 (C)/放弃 (U)]：（捕捉刚绘长度为 10 的竖直线下端点）

指定下一点或 [闭合 (C)/放弃 (U)]：   （回车）

命令：_move   （"移动"命令）

选择对象：找到 1 个   （选择刚才所绘长度为 10 的竖直线）

选择对象：   （回车）

指定基点或位移：   （捕捉已绘长度为 10 的竖直线上端点）

指定位移的第二点或 <用第一点作位移>：@1, 0

命令：_copy

选择对象：找到 1 个   （选择刚才移动的长度为 10 竖直线）

选择对象：   （回车）

指定基点或位移：指定位移的第二点或 <用第一点作位移>：@8, 0

指定位移的第二点：＊取消＊

命令：_COPY

选择对象：找到 1 个

选择对象：找到 1 个，总计 2 个

选择对象：指定对角点：找到 4 个，总计 6 个   （选择石凳左腿下方刚绘的 6 个对象）

选择对象：   （回车）

指定基点或位移：   （捕捉石凳左腿左边一条长度为 250 的竖直线下端点）

指定位移的第二点或 <用第一点作位移>：

             （捕捉石凳右腿左边一条长度为 250 的竖直线下端点）

指定位移的第二点：＊取消＊

2）标注石凳立面图。对照图5-11，标注相应尺寸。

提　高　篇

【图例练习1】绘制图5-12并标注。

图5-12　绘制几何图形

操作过程：

1. 绘制图形

1）用"正多边形"工具绘制正三角形。

命令：_polygon
输入边的数目：3
指定正多边形的中心点或［边（E）］：e
指定边的第一个端点：　　　　　　　　　　　　　　　　（按题意指定）
指定边的第二个端点：　　　　　　　　　　　　　　　　（按题意指定）
＜正交 开＞60

2）偏移正三角形。

命令：_offset　　　　　　　　　　　　　　　　　　　　（"偏移"命令）
指定偏移距离或［通过（T）］＜通过＞：6
选择要偏移的对象或 ＜退出＞：　　　　　　　　　（选择所绘正三角形）
指定点以确定偏移所在一侧：　　　（在所绘正三角形的内部任意位置单击鼠标左键）
选择要偏移的对象或 ＜退出＞：＊取消＊
命令：_offset
指定偏移距离或［通过（T）］＜6.0000＞：

【图例练习2】绘制图 5-13 并标注。

图 5-13　绘制几何图形

　　操作过程：本例的关键是确定四个圆心的位置，用相对坐标进行复制，结合"圆"工具的应用，通过修剪完成图形绘制任务。

1. 绘制图形

1）绘制半径为 10 的圆。

命令：_circle 指定圆的圆心或［三点（3P）/两点（2P）/相切、相切、半径（T）］： 　　　　　　　　　　　　　　　　　　　　　　　　（在窗口任意指定圆心） 指定圆的半径或［直径（D）］：10　　　　　　　　　　　　　　（回车）

2）用相对坐标复制 3 个圆。

命令：_copy　　　　　　　　　　　　　　　　　　　　　（"复制"命令） 选择对象：指定对角点：找到 1 个 选择对象：　　　　　　　　　　　　　　　　　　　　　　　　（回车） 指定基点或位移：　　　　　　　　　　　　　　　（捕捉所绘圆的圆心） 指定位移的第二点或 <用第一点作位移>：@ −22.5，30　　　（回车） 指定位移的第二点：@30，65　　　　　　　　　　　　　　　　（回车） 指定位移的第二点：@22.5，40　　　　　　　　　　　　　　　（回车） 指定位移的第二点：　　　　　　　　　　　　　　　　　　　　（回车）

3）绘制半径分别为 20、25、17.5、15 的 4 个圆。

命令：_circle 指定圆的圆心或［三点（3P）/两点（2P）/相切、相切、半径（T）］： 　　　　　　　　　　　　　（按照已绘四圆的次序，分别捕捉其圆心）

指定圆的半径或 ［直径 （D）］ ＜10.0000＞：20　　　　　　　　　　（回车）

命令：CIRCLE

指定圆的圆心或 ［三点 （3P）/两点 （2P）/相切、相切、半径 （T）］：

（按照已绘四圆的次序，分别捕捉其圆心）

指定圆的半径或 ［直径 （D）］ ＜20.0000＞：25　　　　　　　　　　（回车）

命令：CIRCLE

指定圆的圆心或 ［三点 （3P）/两点 （2P）/相切、相切、半径 （T）］：

（按照已绘四圆的次序，分别捕捉其圆心）

指定圆的半径或 ［直径 （D）］ ＜25.0000＞：17.5　　　　　　　　　（回车）

命令：_circle

指定圆的圆心或 ［三点 （3P）/两点 （2P）/相切、相切、半径 （T）］：

（按照已绘四圆的次序，分别捕捉其圆心）

指定圆的半径或 ［直径 （D）］ ＜60.0000＞：15　　　　　　　　　　（回车）

命令：_erase：找到 1 个，　　　　　（选择半径 10 的四个圆中最后绘制的一个圆）

4）绘制半径分别为 60、40、60、7.5 圆弧的 4 个圆。

命令：CIRCLE

指定圆的圆心或 ［三点 （3P）/两点 （2P）/相切、相切、半径 （T）］：t

指定对象与圆的第一个切点：　　　　　　　　　　（捕捉半径为 20 的圆切点）

指定对象与圆的第二个切点：　　　　　　　　　　（捕捉半径为 25 的圆切点）

指定圆的半径 ＜17.5000＞：60　　　　　　　　　　　　　　　　　　（回车）

命令：CIRCLE

指定圆的圆心或 ［三点 （3P）/两点 （2P）/相切、相切、半径 （T）］：t

指定对象与圆的第一个切点：　　　　　　　　　　（捕捉半径为 25 的圆切点）

指定对象与圆的第二个切点：　　　　　　　　　　（捕捉半径为 17.5 的圆切点）

指定圆的半径 ＜60.0000＞：40　　　　　　　　　　　　　　　　　　（回车）

命令：_circle

指定圆的圆心或 ［三点 （3P）/两点 （2P）/相切、相切、半径 （T）］：t

指定对象与圆的第一个切点：　　　　　　　　　　（捕捉半径为 17.5 的圆切点）

指定对象与圆的第二个切点：　　　　　　　　　　（捕捉半径为 15 的圆切点）

指定圆的半径 ＜15.0000＞：60　　　　　　　　　　　　　　　　　　（回车）

命令：CIRCLE

指定圆的圆心或 ［三点 （3P）/两点 （2P）/相切、相切、半径 （T）］：t

指定对象与圆的第一个切点：　　　　　　　　　　（捕捉半径为 15 的圆切点）

指定对象与圆的第二个切点：　　　　　　　　　　（捕捉半径为 20 的圆切点）

指定圆的半径 ＜60.0000＞：7.5　　　　　　　　　　　　　　　　　　（回车）

5）用 "修剪" 工具剪去多余的圆弧。

命令：_trim　　　　　　　　　　　　　　　　　　　　　　　　（"修剪"命令）

当前设置：投影 = UCS，边 = 延伸

选择剪切边…

选择对象：找到 1 个

选择对象：找到 1 个，总计 2 个

选择对象：找到 1 个，总计 3 个

选择对象：找到 1 个，总计 4 个　　　（选择半径分别为 20、25、17.5、15 的 4 个圆）

选择对象：　　　　　　　　　　　　　　　　　　　　　　　　　　（回车）

选择要修剪的对象，或按住 Shift 键选择要延伸的对象，或［投影（P）/边（E）/放弃（U）］：　　　　　　　　　　　　　（对照图 5-13，剪去多余部分的对象）

选择要修剪的对象，或按住 Shift 键选择要延伸的对象，或［投影（P）/边（E）/放弃（U）］：　　　　　　　　　　　　　　　　　　　　　　　　　　　（回车）

命令：TRIM

当前设置：投影 = UCS，边 = 延伸

选择剪切边…

选择对象：找到 1 个

选择对象：找到 1 个，总计 2 个　　　　　　　　（选择半径分别为 60、7.5 的圆）

选择对象：　　　　　　　　　　　　　　　　　　　　　　　　　　（回车）

选择要修剪的对象，或按住 Shift 键选择要延伸的对象，或［投影（P）/边（E）/放弃（U）］：　　　　　　　　　　　　　（对照图 5-13，剪去多余部分的对象）

选择要修剪的对象，或按住 Shift 键选择要延伸的对象，或［投影（P）/边（E）/放弃（U）］：　　　　　　　　　　　　　　　　　　　　　　　　　　　（回车）

命令：TRIM

当前设置：投影 = UCS，边 = 延伸

选择剪切边…

选择对象：找到 1 个

选择对象：找到 1 个，总计 2 个　　　　　　　　　（选择半径分别为 15、20 的圆）

选择对象：　　　　　　　　　　　　　　　　　　　　　　　　　　（回车）

选择要修剪的对象，或按住 Shift 键选择要延伸的对象，或［投影（P）/边（E）/放弃（U）］：

　　　　　　　　　　　　　　　　　　　　　（对照图 5-13，剪去多余部分的对象）

选择要修剪的对象，或按住 Shift 键选择要延伸的对象，或［投影（P）/边（E）/放弃（U）］：　　　　　　　　　　　　　　　　　　　　　　　　　　　（回车）

命令：TRIM

当前设置：投影 = UCS，边 = 延伸

选择剪切边…

选择对象：找到 1 个

选择对象：找到 1 个，总计 2 个

选择对象：找到1个，总计3个

选择对象：找到1个，总计4个　　　　　（选择半径分别为60、40、60和7.5的圆）

选择对象：　　　　　　　　　　　　　　　　　　　　　　　　　　　（回车）

选择要修剪的对象，或按住 Shift 键选择要延伸的对象，或［投影（P）/边（E）/放弃（U）］：

　　　　　　　　　　　　　　　　　　　　　　（对照图5-13，剪去多余部分的对象）

选择要修剪的对象，或按住 Shift 键选择要延伸的对象，或［投影（P）/边（E）/放弃（U）］：　　　　　　　　　　　　　　　　　　　　　　　　　　（回车）

2. 标注图形

参照图5-13，标注相应尺寸。

思　考　题

1. 尺寸标注有哪些组成要素？

2. 园林制图的标注规则主要有哪些？

3. 为什么尺寸标注图层要与其他图层分开？

4. 尺寸标注有哪些类型？它们各有什么特点？

5. 连续标注适用于哪些种类的标注？

6. 快速引线标注的文字高度可否通过更改标注样式而更改？

7. 快速引线标注时，如何使用两个箭头指向同一文字？

8. 什么是快速标注尺寸？使用步骤有哪些？

9. 如何设置尺寸标注样式？试述园林制图的标注样式应如何设置？

10. 按图5-14所示尺寸绘制并标注图形。

11. 按图5-15所示尺寸绘制并标注图形。

图5-14　绘制图形（一）

图5-15　绘制图形（二）

12. 按图5-16所示尺寸绘制并标注图形。

13. 按图5-17所示尺寸绘制并标注图形。

图 5-16 绘制图形（三）

图 5-17 绘制图形（四）

绘制庭院灯平面图和立面图

 学习目标

1. 熟练运用复制、移动、标注等已学工具进行绘图。
2. 掌握阵列、拉伸、分解、特性匹配、图层等新工具的运用。
3. 把握阵列、拉伸、图层等工具的使用注意事项。
4. 学会"庭院灯平面图和立面图"的绘制。

 学习难点

掌握图层的实际应用。

知 识 篇

【阵列】 ＜array＞

【图例练习1】 用"阵列"工具绘制图6-1并标注。

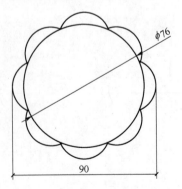

图6-1 用"阵列"工具绘图

操作过程： 本例可先绘好一个圆弧，然后通过"环形阵列"生成8个圆弧。

1）绘制直径为 76 和 90 的同心圆。

命令：_circle

指定圆的圆心或 [三点（3P）/两点（2P）/相切、相切、半径（T）]：

（在窗口任意指定圆心）

指定圆的半径或 [直径（D）]：38 （回车）

命令：_circle 指定圆的圆心或 [三点（3P）/两点（2P）/相切、相切、半径（T）]：

（在窗口指定同一点，绘制同心圆）

指定圆的半径或 [直径（D）]：45 （回车）

2）绘制过圆心的辅助直线，以方便之后的"阵列"。

命令：_line

指定第一点： （捕捉圆心）

指定下一点或 [放弃（U）]：< 正交 开 >45 （绘制长度为 45 的垂直线）

指定下一点或 [放弃（U）]： （回车）

命令：LINE

指定第一点： （捕捉圆心）

指定下一点或 [放弃（U）]：< 正交 关 > @45 < 67.5

指定下一点或 [放弃（U）]： （回车）

命令：_mirror （"镜像"命令）

选择对象：找到 1 个

选择对象： （回车）

指定镜像线的第一点：指定镜像线的第二点：

是否删除源对象？[是（Y）/否（N）] < N >： （回车）

3）绘制圆弧，如图 6-2 所示。

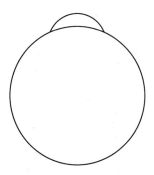

图 6-2 绘几何图形

命令：_arc （"圆弧"命令）

指定圆弧的起点或 [圆心（C）]：

指定圆弧的第二个点或 [圆心（C）/端点（E）]：

指定圆弧的端点：

命令：_erase　　　　　　　　　　　　　　　　　　　　（"删除"命令）

选择对象：找到1个

选择对象：找到1个，总计2个

选择对象：找到1个，总计3个

选择对象：　　　　　　　　　　　　　　　　　　　　　　（回车）

4）在此基础上，单击"修改"面板上的"阵列"工具，选中"环形阵列"，单击"选择对象"，回到绘图窗口，选择圆弧，返回"阵列"窗口，单击"中心点"按钮，选择圆心，在"项目总数"栏填入8，"填充角度"填入360，再单击"确定"即可，如图6-3所示。

图6-3　环形阵列设置

5）参照图6-1，标注相应尺寸。

【图例练习2】用"阵列"工具绘制矩形香樟园平面图，行株距为7×5，如图6-4所示。

图6-4　矩形阵列绘图

操作过程：可在命令提示行输入array或打开"阵列"对话框。如图6-5所示，选择香樟图案，将行、列数分别设为3和5，行、列偏移设为7和5，回车即可。

图 6-5　矩形阵列设置

【拉伸】 ＜ stretch ＞

【图例练习3】在图 6-6 中用"拉伸"工具将左图绘制成右图。

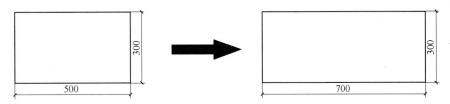

图 6-6　拉伸图形

操作过程：

命令：_stretch	（"拉伸"命令）
以交叉窗口或交叉多边形选择要拉伸的对象 . . . :	（从右向左进行窗口选择）
选择对象：指定对角点：找到 3 个	
选择对象：	（回车）
指定基点或位移：	（回车）
指定位移的第二个点或 ＜用第一个点作位移＞：200	（回车）

特别提醒：

1）拉伸一般只能采用自右向左的交叉窗口或交叉多边形的方式来选择对象。

2）拉伸对象往往是图形的端点或整个图形，对样条曲线也可拉伸其节点。

【分解】 ＜ explode ＞

【图例练习4】在图 6-7 中，将左图分解成右图，并进行效果比较。

图 6-7　分解图形

```
命令：_explode
选择对象：                                （选择要分解的矩形 A）
选择对象：找到 1 个
选择对象：                                          （回车）
```

　　多段线、多线、块、尺寸、填充图案等是一个整体，如果要对其中单一的对象进行编辑，普通的编辑命令无法完成，通过专用的编辑命令有时也难以满足要求。但如果将这些整体的对象分解，使之变成单独的对象，就可以采用普通的编辑命令进行编辑修改了。

> **特别提醒：**
> 　　1）可分解的对象包括块、尺寸、多线、多段线等，而独立的直线、圆、圆弧、文字、点等是不能被分解的。
> 　　2）如果要对矩形、多线、块、尺寸标注、多段线等进行特殊的编辑，必须预先将它们分解才能使用普通的编辑命令进行编辑。

【特性匹配】 < matchprop >

【图例练习 5】在图 6-8 中，将左图中矩形的特性复制到圆上，结果如右图所示。

图 6-8　特性匹配

操作过程：

```
命令：_matchprop                          （"特性匹配"命令）
选择源对象：                              （点取 A 图中的矩形）
当前活动设置：颜色 图层 线型 线型比例 线宽 厚度 打印样式 文字 标注 填充图案
多段线 视口 表格                （提示当前源对象可供复制的特性）
选择目标对象或 [设置 (S)]：     （可以选择圆或多个目标对象，如图 6-9 所示）
选择目标对象或 [设置 (S)]：                              （回车）
```

图 6-9 选择目标对象

【图层】

在 AutoCAD 中，每个层可以看成是一张透明纸，我们可以在不同的"透明纸"上绘图。多个图层叠加在一起，就形成最后的图形。

例如，设计一个广场，包含了广场平面、给排水平面、植物布置平面等，它们有各自的设计图，绘制完成后最终合在一起。在这里，我们将广场平面、给排水平面图、植物布置平面图放置在不同的层上，在需要时就可以方便地将它们合在一起或单独分开。

图层有一些特殊的性质。例如，可以设定该层是否显示，是否允许编辑、是否输出等。如果要改变植物对象的颜色，可以将其他图层关闭，仅仅打开植物布置平面图层，一次选定所有的对象进行修改。这样做显然比在大量的对象中一个个将植物对象挑选出来轻松得多。在图层中可以设定每层的颜色、线型、线宽，只要图线的相关特性设定成"随层"，图线都将具有所属层的特性，因此用图层来管理图形是十分有效的。

单击"图层"面板上的"图层特性"按钮，弹出"图层特性管理器"对话框，如图 6-10所示，包含以下重要的内容。

图 6-10 图层特性管理器

1）新建：新建一个图层。新建的图层自动增加在被选中的图层下面，并且新建的图层自动继承该图层的特性，如颜色、线型等。图层的名称可以修改成具有一定意义的名称。

2）删除：删除指定的图层。欲删除的层上必须无实体，否则将不能删除。另外，0 层是不可删除的。

3）当前：指定所选图层为当前图层。

4）当前图层：提示当前图层的名称。

5）列表显示区：显示文件中各图层的名称和特性。

6）名称：显示图层名。可以选择图层名然后单击左键并输入新图层名。

7）开丨关：打开或关闭图层。当图层打开时，它是可见的，并且可以进行打印。当图层关闭时，它是不可见的，并且不能进行打印。

8）在所有视口冻结/解冻：被冻结的图层是不可见的，不能进行重生成和打印。被解冻的图层是可见的，可以进行重生成和打印。冻结图层可以加快许多操作的运行速度并减少复杂图形的重生成时间。

9）锁定丨解锁：锁定或解锁图层。被锁定图层中的对象将不能编辑。如果只想查看某图层信息而不需要编辑图层中的对象，将该图层锁定是最好的方法。

10）颜色：改变与选定图层相关联的颜色。单击"颜色名称"将显示"选择颜色"对话框。

11）线型：改变与选定图层相关联的线型。单击"线型名称"将显示"选择线型"对话框。

12）线宽：改变与选定图层相关联的线宽。单击"线宽名称"将显示"线宽"对话框。

13）打印/不打印：控制选定图层是否可打印。即使关闭了图层的打印，该图层上的对象仍会显示出来。

绘图时若需要对多个图层进行修改，可以按 < Shift > 键或 < Ctrl > 键一次选择多个来完成。

实 战 篇

【图例练习1】绘制庭院灯平面图并标注，如图6-11所示。

图6-11 庭院灯平面图

操作过程：

1. 建立相关图层

图层的建立如图6-12所示。

图 6-12 建立图层

2. 绘制中心对称线

命令：_line
指定第一点： （在窗口上任意指定一点）
指定下一点或［放弃（U）］：<极轴 开>400 （绘制长度为 400 的水平线）
指定下一点或［放弃（U）］： （回车）
命令：LINE 指定第一点：<对象捕捉追踪 开> （捕捉中点并向下追踪一点）
指定下一点或［放弃（U）］：400 （绘制与长度为 400 的水平线相交的垂直线）
指定下一点或［放弃（U）］： （回车）

3. 绘制图形

1）绘制 3 个同心圆。

命令：_circle
指定圆的圆心或［三点（3P）/两点（2P）/相切、相切、半径（T）］：
（捕捉"十"线的交点）
指定圆的半径或［直径（D）］：20
命令：CIRCLE
指定圆的圆心或［三点（3P）/两点（2P）/相切、相切、半径（T）］：@
指定圆的半径或［直径（D）］<20.0000>：40
命令：CIRCLE
指定圆的圆心或［三点（3P）/两点（2P）/相切、相切、半径（T）］：@
指定圆的半径或［直径（D）］<40.0000>：80

2）绘制正方形。用"正多边形"工具绘制正方形，再用"偏移"工具得到另一正方形。

命令：_polygon
输入边的数目 <4>：　　　　　　　　　　　　　　　　　　　　（回车）
指定正多边形的中心点或［边（E）］：　　　　　　　（捕捉"十"线的交点）
输入选项［内接于圆（I）/外切于圆（C）］<I>：c　　　　　（回车）
指定圆的半径：120　　　　　　　　　　　　　　　　　　　（回车）
命令：_offset　　　　　　　　　　　　　　　　　　　　（"偏移"命令）
指定偏移距离或［通过（T）］<通过>：20
选择要偏移的对象或 <退出>：　　　　　　　　　　（选择所绘的正方形）
指定点以确定偏移所在一侧：　　　（在所绘正方形的内部任意位置单击鼠标左键）
选择要偏移的对象或 <退出>：　　　　　　　　　　　　　　（回车）
命令：_line
指定第一点：　　　　　　　　　　　　　　（捕捉内部小正方形的左下角点）
指定下一点或［放弃（U）］：　　　　　　　　　（绘制长度为20的水平线）
指定下一点或［放弃（U）］：　　　　　　　　　　　　　　（回车）
命令：LINE
指定第一点：　　　　　　　　　　　　　　（捕捉内部小正方形的左下角点）
指定下一点或［放弃（U）］：　　　　　　　　　（绘制长度为20的垂直线）
指定下一点或［放弃（U）］：　　　　　　　　　　　　　　（回车）
命令：_move　　　　　　　　　　　　　　　　　　　　（"移动"命令）
选择对象：找到1个　　　　　　　　　（选择刚绘长度为20的水平线）
选择对象：　　　　　　　　　　　　　　　　　　　　　　（回车）
指定基点或位移：　　　　　　　　　　　（捕捉内部小正方形的左下角点）
指定位移的第二点或 <用第一点作位移>：
　　　　　　　　　　　　　　　　　（打开正交，垂直方向输入10，并回车）
命令：MOVE
选择对象：找到1个　　　　　　　　　（选择刚绘长度为20的垂直线）
选择对象：　　　　　　　　　　　　　　　　　　　　　　（回车）
指定基点或位移：　　　　　　　　　　　（捕捉内部小正方形的左下角点）
指定位移的第二点或 <用第一点作位移>：
　　　　　　　　　　　　　　　　　（打开正交，水平方向输入10，并回车）

3）用"阵列"工具进行复制对象

命令：_array　　　　　　　　　　　　　　　　　　　　（"阵列"命令）
选择对象：找到1个
选择对象：找到1个，总计2个　　　　（选择刚绘制好的长度为20的两条线）
选择对象：　　　　　　　　　　　　　　　　　　　　　　（回车）
指定阵列中心点：　　　　　　　　　　　　（捕捉圆心，数目为4，回车）

4）调整对象特性。根据原图需要，加载虚线的线型和线宽等，选择内部 3 个圆、中心线和小正方形，单击需要的线型和线宽后，回车。

选中中心线，激活夹点，调整中心线长度。

```
＊＊拉伸＊＊
指定拉伸点或［基点（B）/复制（C）/放弃（U）/退出（X）］:
                                        （适当拉长或缩短中心线长度）
＊＊拉伸＊＊
指定拉伸点或［基点（B）/复制（C）/放弃（U）/退出（X）］:
                                        （适当拉长或缩短中心线长度）
＊＊拉伸＊＊
指定拉伸点或［基点（B）/复制（C）/放弃（U）/退出（X）］:          （回车）
```

4. 标注尺寸

参照图 6-11，对图 6-13 进行标注。

【图例练习 2】绘制庭院灯立面图并标注，如图 6-14 所示。

图 6-13 庭院灯平面图

图 6-14 庭院灯立面图

操作过程:

1. 建立相关图层

图层的建立同【图例练习 1】。

2. 绘制中心对称线

```
命令：_line
指定第一点：                              （在窗口上任意指定一点）
指定下一点或［放弃（U）］: <极轴 开> 400
```

指定下一点或［放弃（U）］：	（回车）
命令：LINE	
指定第一点：＜对象捕捉追踪 开＞	（捕捉中点并向下追踪一点）
指定下一点或［放弃（U）］：400	
指定下一点或［放弃（U）］：	（回车）

3. 绘制图形

1）用"正多边形"工具绘制正方形，用"圆"工具绘制半径为 90 的圆等，绘制结果如图 6-15 所示。

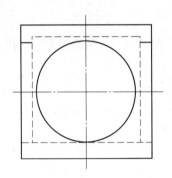

图 6-15　绘制庭院灯立面图（一）

命令：_polygon	（"正多边形"命令）
输入边的数目 ＜4＞：＜对象捕捉 开＞	（回车）
指定正多边形的中心点或［边（E）］：	（捕捉"十"线中心点）
输入选项［内接于圆（I）/外切于圆（C）］＜I＞：c	（回车）
指定圆的半径：120	（回车）
命令：_circle	
指定圆的圆心或［三点（3P）/两点（2P）/相切、相切、半径（T）］：	
	（捕捉"十"线中心点）
指定圆的半径或［直径（D）］：90	
命令：_offset	（"偏移"命令）
指定偏移距离或［通过（T）］＜通过＞：20	
选择要偏移的对象或 ＜退出＞：	（选择正方形）
指定点以确定偏移所在一侧：	（在正方形内部的任意位置单击鼠标左键）
选择要偏移的对象或 ＜退出＞：＊取消＊	
命令：_explode	（"分解"命令）
选择对象：选择偏移得到的正方形，找到 1 个	
选择对象：	（回车）
命令：_move	（"移动"命令）

选择对象：找到 1 个　　　　　　　　　　　　　　　　（选择已分解正方形的下边）

选择对象：　　　　　　　　　　　　　　　　　　　　　　　　　　　　（回车）

指定基点或位移：　　　　　　　　　　　　　　　（捕捉已分解正方形的左下角点）

指定位移的第二点或 ＜用第一点作位移＞：　　　（打开正交，向上移动 10，并回车）

命令：_trim　　　　　　　　　　　　　　　　　　　　　　　　　（"修剪"命令）

当前设置：投影＝UCS，边＝延伸

选择剪切边...

选择对象：找到 1 个　　　　　　　　　　　　　　　　（选择已分解正方形的下边）

选择对象：　　　　　　　　　　　　　　　　　　　　　　　　　　　　（回车）

选择要修剪的对象，或按住 Shift 键选择要延伸的对象，或［投影（P）/边（E）/放弃（U）］：　　　　　　　　　　　　　　　　（单击已分解正方形的左边多余部分）

选择要修剪的对象，或按住 Shift 键选择要延伸的对象，或［投影（P）/边（E）/放弃（U）］：　　　　　　　　　　　　　　　　（单击已分解正方形的右边多余部分）

选择要修剪的对象，或按住 Shift 键选择要延伸的对象，或［投影（P）/边（E）/放弃（U）］：　　　　　　　　　　　　　　　　　　　　　　　　　　（回车）

命令：_extend

当前设置：投影＝UCS，边＝延伸

选择边界的边...

选择对象：找到 1 个　　　　　　　　　　　　　　　　（选择已分解正方形的下边）

选择对象：　　　　　　　　　　　　　　　　　　　　　　　　　　　　（回车）

选择要延伸的对象，或按住 Shift 键选择要修剪的对象，或［投影（P）/边（E）/放弃（U）］：　　　　　　　　　　　　　　　　　　（单击已分解正方形下边的左端）

选择要延伸的对象，或按住 Shift 键选择要修剪的对象，或［投影（P）/边（E）/放弃（U）］：　　　　　　　　　　　　　　　　　　（单击已分解正方形下边的右端）

选择要延伸的对象，或按住 Shift 键选择要修剪的对象，或［投影（P）/边（E）/放弃（U）］：＊取消＊

命令：_line

指定第一点：　　　　　　　　　　　　　　　　（捕捉已分解正方形的左上角点）

指定下一点或［放弃（U）］：　　　　　　　（打开正交，向左绘制长度为 20 的直线）

指定下一点或［放弃（U）］：　　　　　　　　　　　　　　　　　　（回车）

命令：LINE

指定第一点：　　　　　　　　　　　　　　　　（捕捉已分解正方形的右上角点）

指定下一点或［放弃（U）］：　　　　　　　（打开正交，向右绘制长度为 20 的直线）

指定下一点或［放弃（U）］：　　　　　　　　　　　　　　　　　　（回车）

命令：_move

选择对象：找到 1 个

选择对象：找到 1 个，总计 2 个　　　　　　　（选择刚绘的 2 条长度为 20 的水平线）

选择对象：　　　　　　　　　　　　　　　　　　　　　　　　　　　　（回车）

指定基点或位移：　　　　　　　　　　　　　　（捕捉已分解正方形的右上角点）
指定位移的第二点或 ＜用第一点作位移＞：　　　（打开正交，向下移动10，并回车）

2）绘制灯座基部。

命令：_offset
指定偏移距离或［通过（T）］＜20.0000＞：10
选择要偏移的对象或 ＜退出＞：　　　　　　　　（选择已分解正方形的下边）
指定点以确定偏移所在一侧：（在已分解正方形下边的上方任意位置单击鼠标左键）
选择要偏移的对象或 ＜退出＞：　　　　　　　　　　　　　　　　　　（回车）
命令：OFFSET
指定偏移距离或［通过（T）］＜10.0000＞：16
选择要偏移的对象或 ＜退出＞：　　　　　　　　（选择中心线的垂直方向线）
指定点以确定偏移所在一侧：
　　　　　　　　　　　（在中心线的垂直方向线的左侧任意位置单击鼠标左键）
选择要偏移的对象或 ＜退出＞：　　　　　　　　（选择中心线的垂直方向线）
指定点以确定偏移所在一侧：
　　　　　　　　　　　（在中心线的垂直方向线的右侧任意位置单击鼠标左键）
选择要偏移的对象或 ＜退出＞：＊取消＊
命令：OFFSET
指定偏移距离或［通过（T）］＜5.0000＞：20
选择要偏移的对象或 ＜退出＞：　　　　　　　　（选择中心线的垂直方向线）
指定点以确定偏移所在一侧：
　　　　　　　　　　　（在中心线的垂直方向线的左侧任意位置单击鼠标左键）
选择要偏移的对象或 ＜退出＞：　　　　　　　　（选择中心线的垂直方向线）
指定点以确定偏移所在一侧：
　　　　　　　　　　　（在中心线的垂直方向线的右侧任意位置单击鼠标左键）
选择要偏移的对象或 ＜退出＞：＊取消＊
命令：_line 指定第一点：　　　　　（对照图6-14，连接灯座基部左斜线第一点）
指定下一点或［放弃（U）］：　　　　（对照图6-14，连接灯座基部左斜线第二点）
指定下一点或［放弃（U）］：　　　　　　　　　　　　　　　　　　（回车）

3）镜像得到对称线。

命令：_mirror　　　　　　　　　　　　　　　　　　　　　（"镜像"命令）
选择对象：找到1个　　　　　　　　　　　　　　　（选择灯座基部左斜线）
选择对象：　　　　　　　　　　　　　　　　　　　　　　　　　　（回车）
指定镜像线的第一点：　　　　　　　　　（选择中心线垂直方向的上端点）
指定镜像线的第二点：　　　　　　　　　（选择中心线垂直方向的下端点）
是否删除源对象？［是（Y）/否（N）］＜N＞：　　　　　　　　　（回车）

4）剪去多余的线，绘制结果如图 6-16 所示。

图 6-16 绘制庭院灯立面图（二）

命令：_trim

当前设置：投影 = UCS，边 = 延伸

选择剪切边...

选择对象：找到 1 个

选择对象：找到 1 个，总计 2 个

选择对象：

选择要修剪的对象，或按住 Shift 键选择要延伸的对象，或 [投影（P）/边（E）/放弃（U）]：   （对照图 6-14，剪去多余的线）

命令：_erase，找到 2 个   （选择两个竖直方向的偏移线，并回车）

命令：_offset

指定偏移距离或 [通过（T）] < 20.0000 >：13

选择要偏移的对象或 < 退出 >：   （选择中心线的垂直方向线）

指定点以确定偏移所在一侧：

                （在中心线的垂直方向线的左侧任意位置单击鼠标左键）

选择要偏移的对象或 < 退出 >：   （选择中心线的垂直方向线）

指定点以确定偏移所在一侧：

                （在中心线的垂直方向线的右侧任意位置单击鼠标左键）

选择要偏移的对象或 < 退出 >：*取消*

命令：OFFSET

指定偏移距离或 [通过（T）] < 10.0000 >：53

选择要偏移的对象或 < 退出 >：   （选择已分解正方形的下边）

指定点以确定偏移所在一侧：（在已分解正方形下边的上方任意位置单击鼠标左键）

选择要偏移的对象或 < 退出 >：   （回车）

命令：_circle

指定圆的圆心或［三点（3P）/两点（2P）/相切、相切、半径（T）］：

（捕捉所绘偏移线与中心线的垂直方向线的交点）

指定圆的半径或［直径（D）］<90.0000>：40 （回车）

命令：_circle

指定圆的圆心或［三点（3P）/两点（2P）/相切、相切、半径（T）］：t

指定对象与圆的第一个切点： （对照图 6-14，捕捉圆半径 40 的左切点）

指定对象与圆的第二个切点： （捕捉向左偏移 16 的垂直方向线）

指定圆的半径 <20.0000>：5 （回车）

命令：_mirror

选择对象：找到 1 个 （选择刚绘制半径为 5 的圆）

选择对象： （回车）

指定镜像线的第一点： （选择中心线垂直方向的上端点）

指定镜像线的第二点： （选择中心线垂直方向的下端点）

是否删除源对象？［是（Y）/否（N）］<N>： （回车）

命令：_ trim

当前设置：投影=UCS，边=延伸

选择剪切边…

选择对象：找到 5 个

选择对象： （回车）

选择要修剪的对象，或按住 Shift 键选择要延伸的对象，或［投影（P）/边（E）/放弃（U）］： （对照图 6-14，剪去多余的线）

选择要修剪的对象，或按住 Shift 键选择要延伸的对象，或［投影（P）/边（E）/放弃（U）］： （回车）

＊取消＊

命令：_erase

找到 1 个

命令：_offset

指定偏移距离或［通过（T）］<30.0000>：110

选择要偏移的对象或 <退出>： （选择已分解正方形的下边）

指定点以确定偏移所在一侧：（在已分解正方形下边的下方任意位置单击鼠标左键）

选择要偏移的对象或 <退出>： （回车）

命令：_offset

指定偏移距离或［通过（T）］<30.0000>：90

选择要偏移的对象或 <退出>： （选择中心线的垂直方向线）

指定点以确定偏移所在一侧：

（在中心线的垂直方向线的左侧任意位置单击鼠标左键）

选择要偏移的对象或 <退出>： （选择中心线的垂直方向线）

指定点以确定偏移所在一侧：

（在中心线的垂直方向线的右侧任意位置单击鼠标左键）

选择要偏移的对象或 ＜退出＞：＊取消＊

命令：_trim　　　　　　　　　　　　　　　　　　　　（"修剪"命令）

当前设置：投影＝UCS，边＝延伸

选择剪切边…

选择对象：找到 1 个

选择对象：　　　　　　　　　　　　　　　　　　　　　　　　（回车）

选择要修剪的对象，或按住 Shift 键选择要延伸的对象，或［投影（P）/边（E）/放弃（U）］：　　　　　　　　　　　　　　　（对照图 6-14，剪去多余的线）

选择要修剪的对象，或按住 Shift 键选择要延伸的对象，或［投影（P）/边（E）/放弃（U）］：　　　　　　　　　　　　　　　　　　　　　　　（回车）

4. 标注尺寸

参照图 6-14，标注相应尺寸。

提　高　篇

【图例练习】绘制楼梯护栏立面图并标注，如图 6-17 所示。具体尺寸如图 6-18 ~ 图6-20所示。

图 6-17　楼梯护栏立面总图

图 6-18　第一层和第二层护栏立面图尺寸

图 6-19　第一层护栏立面图尺寸

图 6-20　末端护栏栏柱立面图尺寸

操作过程:

1. 建立相关图层

图层的建立如图 6-21 所示。

图 6-21　新建图层

2. 绘制中心对称线

略。

3. 绘制图形线

(1) 先绘制一个单元

1) 绘制栏柱,如图 6-22 所示。

图 6-22 栏柱

命令：_line

指定第一点：   （任意指定一点）

指定下一点或［放弃（U）］：<极轴 开> <对象捕捉追踪 开>

                                                                          （绘制长度为 15 的水平线）

指定下一点或［放弃（U）］：   （绘制长度为 125 的垂直线）

指定下一点或［闭合（C）/放弃（U）］：   （绘制长度为 15 的水平线）

指定下一点或［闭合（C）/放弃（U）］：   （绘制长度为 125 的垂直线）

指定下一点或［闭合（C）/放弃（U）］：   （回车）

命令：_offset   （"偏移"命令）

指定偏移距离或［通过（T）］<通过>：2

选择要偏移的对象或 <退出>：   （选择栏柱上边线）

指定点以确定偏移所在一侧：   （在栏柱上边线的上方任意位置单击鼠标左键）

选择要偏移的对象或 <退出>：   （选择刚才的偏移线）

指定点以确定偏移所在一侧：   （在刚才偏移线的上方任意位置单击鼠标左键）

选择要偏移的对象或 <退出>：   （选择刚才的偏移线）

指定点以确定偏移所在一侧：   （在刚才偏移线的上方任意位置单击鼠标左键）

选择要偏移的对象或 <退出>：   （回车）

命令：OFFSET

指定偏移距离或［通过（T）］<2.0000>：10

选择要偏移的对象或 <退出>：   （选择栏柱下边线）

指定点以确定偏移所在一侧：   （在栏柱上边线的上方任意位置单击鼠标左键）

选择要偏移的对象或 <退出>：   （回车）

命令：OFFSET

指定偏移距离或［通过（T）］<2.0000>：6

选择要偏移的对象或 <退出>：   （选择刚才的偏移线）

指定点以确定偏移所在一侧：   （在刚偏移线的上方任意位置单击鼠标左键）

选择要偏移的对象或 ＜退出＞：　　　　　　　　　　　　　　　　　（回车）

命令：OFFSET

指定偏移距离或［通过（T）］＜6.0000＞：4 ＜对象捕捉 关＞

选择要偏移的对象或 ＜退出＞：　　　　　　　　　　　　　（选择刚才的偏移线）

指定点以确定偏移所在一侧：　　　　　（在刚偏移线的上方任意位置单击鼠标左键）

选择要偏移的对象或 ＜退出＞：　　　　　　　　　　　　　　　　　（回车）

命令：OFFSET

指定偏移距离或［通过（T）］＜4.0000＞：44

选择要偏移的对象或 ＜退出＞：　　　　　　　　　　　　　（选择刚才的偏移线）

指定点以确定偏移所在一侧：　　　　　（在刚偏移线的上方任意位置单击鼠标左键）

选择要偏移的对象或 ＜退出＞：　　　　　　　　　　　　　　　　　（回车）

命令：OFFSET

指定偏移距离或［通过（T）］＜44.0000＞：3

选择要偏移的对象或 ＜退出＞：　　　　　　　　　　　　　（选择刚才的偏移线）

指定点以确定偏移所在一侧：　　　　　（在刚偏移线的上方任意位置单击鼠标左键）

选择要偏移的对象或 ＜退出＞：　　　　　　　　　　　　　　　　　（回车）

命令：OFFSET

指定偏移距离或［通过（T）］＜3.0000＞：44

选择要偏移的对象或 ＜退出＞：　　　　　　　　　　　　　（选择刚才的偏移线）

指定点以确定偏移所在一侧：　　　　　（在刚偏移线的上方任意位置单击鼠标左键）

选择要偏移的对象或 ＜退出＞：　　　　　　　　　　　　　　　　　（回车）

命令：OFFSET

指定偏移距离或［通过（T）］＜44.0000＞：4

选择要偏移的对象或 ＜退出＞：　　　　　　　　　　　　　（选择刚才的偏移线）

指定点以确定偏移所在一侧：　　　　　（在刚偏移线的上方任意位置单击鼠标左键）

选择要偏移的对象或 ＜退出＞：　　　　　　　　　　　　　　　　　（回车）

2）绘制护栏水平杆。用"直线"工具绘制，共绘制10条线，如图6-23所示。

图6-23　护栏水平杆

园林 CAD

命令：_copy   （"复制"命令）
选择对象：找到 19 个   （选择已绘好的如图 6-22 所示的栏柱）
选择对象：   （回车）
指定基点或位移：   （捕捉图 6-22 栏柱的右下角点）
指定位移的第二点或 <用第一点作位移>：@ -207, 100   （回车）
指定位移的第二点：* 取消 *

　3）运用"直线"工具，分别捕捉左右栏柱对应的水平护栏点，绘好 3 个护栏水平杆。（此步骤省略）

　4）绘制 3 个护栏水平杆两两之间的 2 个护栏水平杆。

命令：_copy
选择对象：找到 1 个   （选择最下方护栏水平杆的上线）
选择对象：   （回车）
指定基点或位移：   （捕捉最下方护栏水平杆上线的右端点）
指定位移的第二点或 <用第一点作位移>：@0, 20.5   （回车）
指定位移的第二点：@0, 23.5
指定位移的第二点：   （回车）

　5）绘制护栏垂直杆
　① 用"直线"工具绘制，共绘制 28 条垂直线，如图 6-24 所示。

图 6-24　绘制 28 条垂直线

命令：_offset
指定偏移距离或 [通过（T）] <通过>：10
选择要偏移的对象或 <退出>：   （选择右栏柱的左边线）
指定点以确定偏移所在一侧：（在右栏柱的左边线的左侧任意位置单击鼠标左键）
选择要偏移的对象或 <退出>：   （回车）
命令：OFFSET
指定偏移距离或 [通过（T）] <10.0000>：13

选择要偏移的对象或 ＜退出＞：　　　　　　　　　　　（选择右栏柱的左边线）

指定点以确定偏移所在一侧：　　（在右栏柱的左边线的左侧任意位置单击鼠标左键）

选择要偏移的对象或 ＜退出＞：　　　　　　　　　　　　　　　　（回车）

命令：OFFSET

指定偏移距离或［通过（T）］＜13.0000＞：10

选择要偏移的对象或 ＜退出＞：　　　　　　　　　（选择刚才的两条偏移线）

指定点以确定偏移所在一侧：　　　　（在刚偏移线的左侧任意位置单击鼠标左键）

选择要偏移的对象或 ＜退出＞：　　　　　　　（回车，共偏移 13 个组合对象）

命令：_extend　　　　　　　　　　　　　　　　　　　　　　（"延伸"命令）

当前设置：投影 = UCS，边 = 延伸

选择边界的边 ...

选择对象：找到 1 个　　　　　　　　　　（选择护栏上方水平杆的下线）

选择对象：　　　　　　　　　　　　　　　　　　　　　　　　　（回车）

选择要延伸的对象，或按住 Shift 键选择要修剪的对象，或［投影（P）/边（E）/放弃（U）］：　　　　　　　　　　　　　　　　　　　　　（共延伸 23 个对象）

②用"修剪"工具进行修剪，结果如图 6-25 所示，再对照图 6-17 进行修剪，最终结果如图 6-26 所示。

图 6-25　修剪护栏局部（一）　　　　　图 6-26　修剪护栏局部（二）

（2）绘制水平单元　用同样的方法绘制好水平方向的另一个单元，如图 6-27 所示。

图 6-27　绘制水平方向的单元

（3）绘制踏步　主要用"直线"、"偏移"、"移动"等工具进行绘制，如图6-28所示。

命令：_line

指定第一点： 　　　　　　　　　　（捕捉右栏柱的下方距离为10的偏移线左端点）

指定下一点或［放弃（U）］：＜正交 开＞　　　（向左绘制长度为30的直线，回车）

指定下一点或［放弃（U）］： 　　　　　　（向上绘制长度为15的直线，回车）

指定下一点或［放弃（U）］：＜正交 开＞　　（再向左绘制长度为30的直线，回车）

指定下一点或［放弃（U）］： 　　　　　（再向上绘制长度为15的直线，回车）

指定下一点或［放弃（U）］：＜正交 开＞　　（再向左绘制长度为30的直线，回车）

指定下一点或［放弃（U）］： 　　　　　（再向上绘制长度为15的直线，回车）

指定下一点或［放弃（U）］：＜正交 开＞　　（再向左绘制长度为30的直线，回车）

指定下一点或［放弃（U）］： 　　　　　（再向上绘制长度为15的直线，回车）

指定下一点或［放弃（U）］：＜正交 开＞　　（再向左绘制长度为30的直线，回车）

指定下一点或［放弃（U）］： 　　　　　（再向上绘制长度为15的直线，回车）

指定下一点或［放弃（U）］：＜正交 开＞　　（再向左绘制长度为30的直线，回车）

指定下一点或［放弃（U）］： 　　　　　（再向上绘制长度为15的直线，回车）

命令：_offset

指定偏移距离或［通过（T）］＜10.0000＞：

选择要偏移的对象或＜退出＞： 　　　　　　　　（选择中间栏柱的下边线）

指定点以确定偏移所在一侧： 　（在中间栏柱下边线的下方任意位置单击鼠标左键）

指定点以确定偏移所在一侧： 　　　　　　　　　　　　　　　（回车）

选择要偏移的对象或＜退出＞：＊取消＊

命令：_line

指定第一点： 　　　　　　　　　　　　（捕捉刚才偏移线的左端点）

指定下一点或［放弃（U）］： 　（打开正交，向下绘制长度为10的直线，回车）

指定下一点或［放弃（U）］： 　　　　（向右绘制水平线长度为15的直线，回车）

指定下一点或［闭合（C）/放弃（U）］： 　　（向上绘制长度为5的直线，回车）

指定下一点或［闭合（C）/放弃（U）］： 　　　　　　　　　（回车）

命令：_line

指定第一点： 　　　　　　　　（绘制地面线，捕捉右栏柱的右下角端点）

指定下一点或［放弃（U）］：＜正交 开＞　　　（在左方适当位置确定第二点）

指定下一点或［放弃（U）］： 　　　　　　　　　　　　（回车）

命令：_LINE

指定第一点： 　　　　　　　　　　（捕捉踏步最上面的一个下角点）

指定下一点或［放弃（U）］：＜正交 关＞　　（捕捉踏步最下面的一个下角点）

指定下一点或［放弃（U）］： 　　　　　　　　　　　　（回车）

命令：_offset

指定偏移距离或［通过（T）］＜10.0000＞：T 　　　　　　　（回车）

选择要偏移的对象或＜退出＞： 　　　　　（选择刚才绘好的踏步下角点连线）

指定通过点： （捕捉已绘好的长度为 5 的垂线上端点）

选择要偏移的对象或 ＜退出＞： （回车）

命令：_extend

当前设置：投影＝UCS，边＝延伸

选择边界的边 ...

选择对象：找到 1 个 （选择已绘好的地面线）

选择对象： （回车）

选择要延伸的对象，或按住 Shift 键选择要修剪的对象，或［投影（P）/边（E）/放弃（U）］： （选择刚才过点的偏移线）

选择要延伸的对象，或按住 Shift 键选择要修剪的对象，或［投影（P）/边（E）/放弃（U）］： （回车）

图 6-28　护栏局部图

（4）完成图形的绘制

1）复制已绘制好的两个单元图形，并对踏步等进一步完善，形成最终的目标图形。

命令：_copy

选择对象：指定对角点：找到 333 个

选择对象： （选择已绘制好的两个单元图形）

指定对角点：找到 342 个（333 个重复），总计 342 个

选择对象： （回车）

指定基点或位移： （捕捉最右边栏柱的右下端点）

指定位移的第二点或 ＜用第一点作位移＞： （捕捉最左边栏柱的左下端点）

指定位移的第二点： （回车）

命令：_copy （再复制已绘制好的第一个单元图形）

选择对象： （选择已绘制好的第一单元图形）

指定对角点：找到 69 个（45 个重复），总计 172 个

选择对象： （回车）

指定基点或位移：	（捕捉最右边栏柱的右下端点）
指定位移的第二点或 ＜用第一点作位移＞：	（捕捉最左边栏柱的左下端点）
指定位移的第二点：＊取消＊	
命令：_stretch	（拉伸栏柱）
以交叉窗口或交叉多边形选择要拉伸的对象...	
选择对象：	（选择最左边栏柱对象）
指定对角点：找到 10 个	
选择对象：	（回车）
指定基点或位移：	（捕捉最左边栏柱的左下端点）
指定位移的第二个点或 ＜用第一个点作位移＞：	
	（打开正交，向左拉伸长度 15 回车）

2）再利用"偏移"、"延伸"、"修剪"等工具进行适当的处理，得到图 6-29。（步骤略）

图 6-29 楼梯护栏图

4. 标注尺寸

参照图 6-18～图 6-20，标注尺寸。

思 考 题

1. 图层命名应注意哪些方面？
2. 欲将一个绘制好的对象放置到另一个图层中，应如何操作？
3. 图层中包含哪些特性设置？冻结和关闭图层的区别是什么？
4. 如果希望某图线显示又不希望该线条无意中被修改，应如何操作？
5. 阵列分几种类型？行、列偏移为负值表达什么含义？
6. 列举出不宜用"分解"工具的图形对象。

7. 阵列是否具有复制并旋转原对象的功能？

8. 按图6-30所示尺寸绘制并标注图形。

9. 按图6-31所示尺寸绘制并标注图形。

图6-30 绘制图形（一）

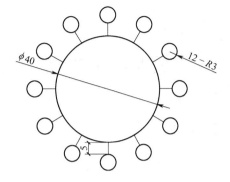

图6-31 绘制图形（二）

10. 按图6-32所示尺寸绘制并标注图形。

11. 按图6-33所示尺寸绘制并标注图形。

图6-32 绘制图形（三）

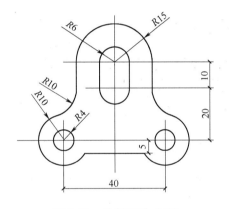

图6-33 绘制图形（四）

12. 按图6-34所示尺寸绘制并标注图形。

13. 按图6-35所示尺寸绘制并标注图形。

图6-34 绘制图形（五）

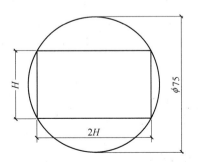

图6-35 绘制图形（六）

项目七

绘制小游园绿化设计平面图

 学习目标

1. 熟练运用阵列、拉伸、分解、特性匹配、图层等已学工具进行绘图。
2. 掌握旋转、定数等分、多段线、块和插入块等新工具的运用。
3. 掌握旋转、定数等分、多段线和块工具的使用注意事项。
4. 学会"小游园绿化设计平面图"的绘制。

 学习难点

1. 学会定数等分的具体应用。
2. 掌握块的创建与应用。

知 识 篇

【旋转】 < rotate >

在使用"旋转"命令时,选择对象后需指定旋转基点,然后再指定旋转角度。角度为正则逆时针旋转;角度为负则顺时针旋转。

【图例练习1】灵活运用"旋转"工具,绘制图7-1的几何图形并标注。

操作过程: 本例首先确定两个椭圆的中心点,然后用"绘图"面板上的"椭圆"工具绘制椭圆,用"正多边形"工具绘制正六边形,最后再用"旋转"工具进行适当调整。

1. 建立图层
图层的建立如图7-2所示。

图7-1 旋转绘图(一)

图 7-2　创建图层

2. 绘制中心线及偏移相关直线

命令：_line

指定第一点：　　　　　　　　　　　　　　　　　　（在窗口上任意指定一点）

指定下一点或［放弃（U）］：60　　　　　　　　　　（绘制长度为 60 的水平线）

指定下一点或［放弃（U）］：　　　　　　　　　　　　　　　　（回车）

命令：LINE 指定第一点：<极轴 关><极轴 开><正交 开><正交 关><对象捕捉追踪 开>　　　　　　　　　　　　　　　　　　（在窗口上任意指定一点）

指定下一点或［放弃（U）］：　　　　　　　　　（绘制长度为 60 的中垂线）

指定下一点或［放弃（U）］：　　　　　　　　　　　　　　　（回车）

命令：_offset　　　　　　　　　　　　　　　　　　　　（"偏移"命令）

指定偏移距离或［通过（T）］<通过>：33

选择要偏移的对象或 <退出>：　　　　　　　　　（选择中心线的水平线）

指定点以确定偏移所在一侧：　（在中心线、水平线下方的任意位置单击鼠标左键）

选择要偏移的对象或 <退出>：　　　　　　　　　　　　　　　（回车）

命令：OFFSET

指定偏移距离或［通过（T）］<33.0000>：13

选择要偏移的对象或 <退出>：　　　　　　　　　（选择中心线的垂直线）

指定点以确定偏移所在一侧：　（在中心线、垂直线左方的任意位置单击鼠标左键）

选择要偏移的对象或 <退出>：　　　　　　　　　　　　　　　（回车）

命令：_extend　　　　　　　　　　　　　　　　　　　　（"延伸"命令）

当前设置：投影 = UCS，边 = 延伸

　　　　　　（适当调整两偏移线的长度，使其成为图 7-1 中的下方一中心线）

选择边界的边 ...

选择对象：找到 1 个

选择对象：　　　　　　　　　　　　　　　　　　　　　　（回车）

选择要延伸的对象，或按住 Shift 键选择要修剪的对象，或［投影（P）/边（E）/放弃（U）］：　　　　　　　　　　　　　　　　　（对照图 7-1 进行延伸）

选择要延伸的对象，或按住 Shift 键选择要修剪的对象，或［投影（P）/边（E）/放弃（U）］： （回车）

3. 绘制图形

1）绘制两个椭圆。

命令：_ellipse （"椭圆"命令）
指定椭圆的轴端点或［圆弧（A）/中心点（C）］：c
指定椭圆的中心点： （捕捉中心线的交点）
指定轴的端点：24
指定另一条半轴长度或［旋转（R）］：12
命令：ELLIPSE
指定椭圆的轴端点或［圆弧（A）/中心点（C）］：c
指定椭圆的中心点： （捕捉中心线的交点）
指定轴的端点：7
指定另一条半轴长度或［旋转（R）］：4

2）绘制直线和切线。

命令：_line
指定第一点： （捕捉椭圆长轴的左端点）
指定下一点或［放弃（U）］：向下绘垂直线 39
指定下一点或［放弃（U）］：@ 15 < -30
指定下一点或［闭合（C）/放弃（U）］：_tan 到 （捕捉椭圆上的切点）
指定下一点或［闭合（C）/放弃（U）］： （回车）
＊＊拉伸＊＊
指定拉伸点或［基点（B）/复制（C）/放弃（U）/退出（X）］：
命令：＊取消＊

3）旋转小椭圆及其中心线。

命令：_rotate （"旋转"命令）
UCS 当前的正角方向： ANGDIR = 逆时针 ANGBASE = 0
选择对象：找到 1 个
选择对象：找到 1 个，总计 2 个
选择对象：找到 1 个，总计 3 个 （选择小椭圆及其中心线）
选择对象： （回车）
指定基点： （捕捉下方中心线的交点）
指定旋转角度或［参照（R）］： - 30 （角度可自定，回车）

4）绘制正六边形。

命令：_polygon
输入边的数目 <4>：6 　　　　　　　　　　　　　　　　　　　（回车）
指定正多边形的中心点或［边（E）］： 　　　　（捕捉上方中心线的交点）
输入选项［内接于圆（I）/外切于圆（C）］<I>：c 　　　　　（回车）
指定圆的半径：8 　　　　　　　　　　　　　　　　　　（角度可自定，回车）

5）旋转正六边形。

命令：_rotate
UCS 当前的正角方向：ANGDIR = 逆时针　ANGBASE = 0
选择对象：找到 1 个
选择对象： 　　　　　　　　　　　　　　　　　　　　　（选择正六边形）
指定基点： 　　　　　　　　　　　　　　　　　（捕捉上方中心线的交点）
指定旋转角度或［参照（R）］：r 　　　　　　　　　　　　　（回车）
指定参照角 <0>： 　　　　　　　　　　　　　　（捕捉上方中心线的交点）
指定第二点： 　　　　　　　　　　　　　　　　（捕捉正六边形的右角点）
指定新角度：45 　　　　　　　　　　　　　　　　　　　　　　（回车）

4. 标注尺寸

参照图 7-1，标注相应尺寸。

【图例练习 2】按尺寸绘制图 7-3。

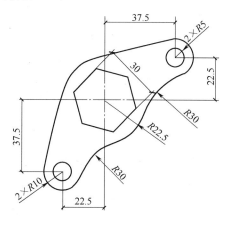

图 7-3　旋转绘图（二）

操作过程： 本例可先绘下方的一半再镜像即可。

1. 绘制中心线

用"直线"工具绘制"十"字虚线。

2. 绘制圆及弧线

绘制结果如图 7-4 所示。

图 7-4　绘制几何图

1）以"十"字中心线交点为圆心，半径为 22.5 绘制圆。

命令：_circle
指定圆的圆心或 ［三点（3P）/两点（2P）/切点、切点、半径（T）］：捕捉交点
指定圆的半径或 ［直径（D）］＜5.0859＞：22.5

2）直接绘制下方小圆。

命令：CIRCLE
指定圆的圆心或 ［三点（3P）/两点（2P）/切点、切点、半径（T）］：@ -22.5，-37.5
指定圆的半径或 ［直径（D）］＜5.0859＞：5

3）绘半径为 10 的同心圆。

命令：CIRCLE
指定圆的圆心或 ［三点（3P）/两点（2P）/切点、切点、半径（T）］：@
指定圆的半径或 ［直径（D）］＜5.0859＞：10

4）用直线绘制两圆的切线。

命令：_line
指定第一点：　　　　　　　　　　（按＜shift＞键并单击鼠标右键，在圆 R10 捕捉切点）
指定下一点或 ［放弃（U）］：
　　　　　　　　　　　　　（按＜shift＞键并单击鼠标右键，在圆 R22.5 捕捉另一切点）
指定下一点或 ［放弃（U）］：　　　　　　　　　　　　　　　　　　　　　　（回车）

5）绘制半径为 30 并与两圆相切的弧线。

命令：_circle

指定圆的圆心或［三点（3P）/两点（2P）/切点、切点、半径（T）］：t

指定对象与圆的第一个切点： （捕捉圆的切点）

指定对象与圆的第二个切点： （捕捉另一圆的切点）

指定圆的半径 ＜10.0000＞：30

3. 绘制正六边形

剪去多余的弧线，再以大圆的圆心为中心点，绘制正六边形，如图7-5所示。

图7-5 绘制正六边形

命令：_polygon

输入边的数目 ＜4＞：6

指定正多边形的中心点或［边（E）］： （捕捉大圆的圆心）

输入选项［内接于圆（I）/外切于圆（C）］＜I＞：c

指定圆的半径：15

4. 绘制直线

绘制一条过圆心的45°直线，长度任意，如图7-6所示。

图7-6 绘制直线

命令：_line
指定第一点： （捕捉大圆的圆心）
指定下一点或［放弃（U）］：<正交 关>@30<45
指定下一点或［放弃（U）］： （回车）

5. 旋转正六边形

旋转正六边形，如图 7-7 所示。

图 7-7　旋转正六边形

命令：_rotate
UCS 当前的正角方向：ANGDIR = 逆时针　　ANGBASE = 0
选择对象：找到 1 个
选择对象： （选择正六边形）
指定基点： （捕捉大圆的圆心）
指定旋转角度，或［复制（C）/参照（R）］<0>：r
指定参照角 <0>： （捕捉大圆的圆心）
指定第二点： （捕捉六边形的边顶点）
指定新角度或［点（P）］<0>： （捕捉直线的另一端点）

6. 利用镜像完成绘图

删除直线，再用"镜像"工具完成另一部分图形，并修剪多余弧线，如图 7-8 所示。

命令：_mirror
选择对象：找到 1 个
选择对象：指定对角点：找到 4 个（1 个重复），总计 4 个
选择对象： （回车）
指定镜像线的第一点： （捕捉六边形的边中点）
指定镜像线的第二点： （捕捉六边形的对边中点）
要删除源对象吗？［是（Y）/否（N）］<N>： （回车）

图 7-8　镜像绘图

【定数等分】 ＜divide＞

定数等分是指按照一定的间隔等分对象，即按段数等分。而定距等分是按长度等分，命令为 measure。由于两个命令的运用基本相同，因此这里仅介绍定数等分。

【图例练习3】绘制图 7-9 的几何图形并标注，学习"定数等分"工具的实际应用。

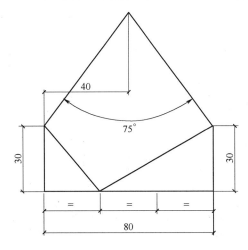

图 7-9　用"定数等分"工具绘图

操作过程：本例用"定数等分"工具对水平线段进行 3 等份，然后绘制已知两端点，角度为75°的圆弧，最后用"直线"工具捕捉圆弧的圆心绘制好图形上部"尖"形的两条斜线。

1）绘制图形。

命令：_line

指定第一点：　　　　　　　　　　　　　　　　　　　　（在窗口上任意指定一点）

指定下一点或［放弃（U）］：＜极轴 开＞　　　　　（绘制长度为30的垂直线）

指定下一点或［放弃（U）］：　　　　　　　　　　　　（绘制长度为80的水平线）

指定下一点或［闭合（C）/放弃（U）］：　　　　　　（绘制长度为30的垂直线）

指定下一点或［闭合（C）/放弃（U）］：　　　　　　　　　　（回车）

命令：_divide　　　　　　　　　　　　　　　　（"定数等分"命令）

选择要定数等分的对象：　　　　　　　　　　（选择长度为80的水平线）

输入线段数目或［块（B）］：3　　　　　　　　　　　　（回车）

命令：_line

指定第一点：＜对象捕捉 开＞　　　　　（捕捉长度为30的左垂直线上端点）

指定下一点或［放弃（U）］：_nod 于

　　　　　　　　　　　（按住＜shift＞键并单击鼠标右键选择"节点"）

指定下一点或［放弃（U）］：　　　　　（捕捉长度为30的右垂直线上端点）

指定下一点或［闭合（C）/放弃（U）］：　　　　　　　　（回车）

命令：_arc

指定圆弧的起点或［圆心（C）］：　　　（捕捉长度为30的左垂直线上端点）

指定圆弧的第二个点或［圆心（C）/端点（E）］：e　　　（回车）

指定圆弧的端点：　　　　　　　　　　（捕捉长度30的右垂直线上端点）

指定圆弧的圆心或［角度（A）/方向（D）/半径（R）］：a　　（回车）

指定包含角：75　　　　　　　　　　　　　　　　　（回车）

命令：_line

指定第一点：　　　　　　　　　　　　（捕捉长度为30的左垂直线上端点）

指定下一点或［放弃（U）］：　　　　　　　　（捕捉所绘圆弧的圆心）

指定下一点或［放弃（U）］：　　　　　（捕捉长度为30的右垂直线上端点）

指定下一点或［闭合（C）/放弃（U）］：　　　　　　　（回车）

2）标注尺寸。参照图7-9，标注相应尺寸。

【多段线】 ＜pline＞

　　多段线是由一系列具有宽度性质的直线段或圆弧段组成的单一对象，它与使用"line"命令绘制的彼此独立的线段有明显不同。

　　【图例练习4】运用"多段线"工具绘制箭头，如图7-10所示。

图7-10　多段线绘制箭头

操作过程：最重要的是学会调整多段线的线宽。

命令：_pline　　　　　　　　　　　　　　　　　　　　　（"多段线"命令）

指定起点：　　　　　　　　　　　　　　　　　　　（在窗口上任意指定一点）

当前线宽为 0.0000

指定下一个点或［圆弧（A）/半宽（H）/长度（L）/放弃（U）/宽度（W）］：w

指定起点宽度 <0.0000>：4

指定端点宽度 <4.0000>：　　　　　　　　　　　　　　　　　　（回车）

指定下一个点或［圆弧（A）/半宽（H）/长度（L）/放弃（U）/宽度（W）］：20

指定下一点或［圆弧（A）/闭合（C）/半宽（H）/长度（L）/放弃（U）/宽度（W）］：w

指定起点宽度 <4.0000>：8

指定端点宽度 <8.0000>：0　　　　　　　　（由于是三角形，因此端点宽度应该为0）

指定下一点或［圆弧（A）/闭合（C）/半宽（H）/长度（L）/放弃（U）/宽度（W）］：8

指定下一点或［圆弧（A）/闭合（C）/半宽（H）/长度（L）/放弃（U）/宽度（W）］：　　　　　　　　　　　　　　　　　　　　　　　　　　　（回车）

【图例练习5】运用"多段线"工具绘制图7-11。

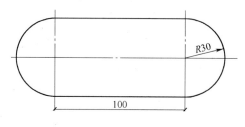

图7-11　多段线绘图

操作过程：

命令：_pline　　　　　　　　　　　　　　　　　　　　　（"多段线"命令）

指定起点：　　　　　　　　　　　　　　　　　　　（在窗口上任意指定一点）

当前线宽为 0.0000

指定下一个点或［圆弧（A）/半宽（H）/长度（L）/放弃（U）/宽度（W）］：100

　　　　　　　　　　　　　　　　　　　　　　　（绘制长度为100的水平线）

指定下一点或［圆弧（A）/闭合（C）/半宽（H）/长度（L）/放弃（U）/宽度（W）］：a

指定圆弧的端点或［角度（A）/圆心（CE）/闭合（CL）/方向（D）/半宽（H）/直线（L）/半径（R）/第二个点（S）/放弃（U）/宽度（W）］：a

指定包含角：180

指定圆弧的端点或［圆心（CE）/半径（R）］：r

指定圆弧的半径：30

指定圆弧的弦方向 ＜0＞：指定方向点

指定圆弧的端点或［角度（A）/圆心（CE）/闭合（CL）/方向（D）/半宽（H）/直线（L）/半径（R）/第二个点（S）/放弃（U）/宽度（W）］：l

指定下一点或［圆弧（A）/闭合（C）/半宽（H）/长度（L）/放弃（U）/宽度（W）］：100　　　　　　　　　　　　　（绘制长度为 100 的水平线）

指定下一点或［圆弧（A）/闭合（C）/半宽（H）/长度（L）/放弃（U）/宽度（W）］：a

指定圆弧的端点或［角度（A）/圆心（CE）/闭合（CL）/方向（D）/半宽（H）/直线（L）/半径（R）/第二个点（S）/放弃（U）/宽度（W）］：a

指定包含角：180

指定圆弧的端点或［圆心（CE）/半径（R）］：　　　　　　　　　（捕捉圆弧端点）

指定圆弧的端点或［角度（A）/圆心（CE）/闭合（CL）/方向（D）/半宽（H）/直线（L）/半径（R）/第二个点（S）/放弃（U）/宽度（W）］：　　　　　　　（回车）

特别提醒：

在"多段线"工具的运用中，相关参数的含义为：

1）下一点：输入点后，绘制一条直线段。

2）闭合：在当前位置到多段线起点之间绘制一条直线段以闭合多段线。

3）半宽：输入多段线宽度值的一半。

4）长度：沿着前一线段相同的角度并按指定长度绘制直线段。

5）放弃：删除最近一次添加到多段线上的直线段。

6）宽度：指定下一条直线段的宽度。

7）圆弧：将弧线段添加到多段线中。选择此参数，进入圆弧绘制状态，出现绘制圆弧的一系列参数，其含义如下：

① 端点：指定绘制圆弧的端点。弧线段从多段线上一段端点的切线方向开始绘制。

② 角度：指定从起点开始的弧线段包含的圆心角。

③ 圆心：指定绘制圆弧的圆心。

④ 闭合：将多段线首尾相连封闭图形。

⑤ 方向：指定弧线段的起点方向。

⑥ 半宽：输入多段线宽度值的一半。

⑦ 直线：转换成直线绘制方式。

⑧ 半径：指定弧线段的半径。

⑨ 第二点：指定三点圆弧的第二点和端点。

⑩ 放弃：取消最近一次添加到多段线上的弧线段。

⑪ 宽度：指定下一弧线段的宽度。

【图块】　<block>

图块是指一个或多个对象结合形成的单个对象，每个块即是一个整体。利用块可将许多频繁使用的符号作为一个部件进行操作，简化绘图过程并提高绘图效率。

【图例练习6】将图7-12所示的图形创建成图块，名称命名为"树01"。

操作过程：

1）在"绘图"面板中单击"创建块"按钮，进入"块定义"对话框，在其中输入名称"树01"。

2）单击"拾取点"按钮，在绘图区利用对象捕捉圆心的位置。

3）单击"选择对象"按钮，在屏幕绘图区框选所有的图形，按"Enter"键结束选择。

4）在"说明"文本框中键入"落叶树01平面"，结果如图7-13所示。

图7-12　定义图块

图7-13　块定义对话框

5）单击"确定"按钮，完成图块"树01"的建立，并保存"树块01.dwg"。

特别提醒：

1）创建图块之前，必须先绘出创建块的对象。

2）如果新块名与已有的块名重复，则发生图块的替换，此过程称图块的重定义，这将使图形中所有与此相同的图块发生替换。

3）图块将继承其创建时所在图层上的特性。当插入块时，块仍将保持其原始特性。但是，如果图块创建于"0"图层，则在插入时，该图块将不再沿袭"0"图层的特性，而具有当前图层的特性。因此，创建图块时，推荐在"0"图层上创建，这将方便对图块特性的控制。

【图例练习7】将图7-14所示的"树01"图块进行在位编辑，形成图7-15带阴影的图块。

图 7-14 "树01"图块   图 7-15 带阴影的图块

操作过程：

1）单击图 7-14 "树 01"图块中的任一图案，单击鼠标右键，弹出快捷菜单，单击"在位编辑块"，弹出如图 7-16 所示的"参照编辑"对话框。

图 7-16 "参照编辑"对话框

2）单击对话框的确定按钮，回到绘图区窗口，如图 7-17 所示。

图 7-17 绘图区（一）

3）复制绘图区中的圆，两圆错开，经修剪形成阴影区域，再利用"图案填充"工具填充好阴影斜线，如图 7-18 所示。

图 7-18　绘图区（二）

4）再单击"参照编辑"所属面板上的"保存修改"按钮，如图 7-19 所示。

图 7-19　绘图区（三）

5）单击"保存修改"按钮后，出现如图 7-20 所示的"警示"对话框。单击"警示"对话框中的"确定"按钮，即形成图 7-15 带阴影的树图块。

图 7-20 "警示"对话框

实 战 篇

【图例练习1】绘制小游园绿化设计平面图，如图 7-21 所示。

道路：宽 2000mm   石凳：2000mm×400mm   六角亭：宽 4000mm
水池：6000×3000mm   步石：1300mm×300mm，间距 200mm

图 7-21   小游园绿化设计平面图

操作过程:

小游园绿化设计是园林绿化中的常见形式,通过完成小游园绿化设计平面图,进一步巩固和应用所学知识,使课堂知识与园林生产紧密连接,并掌握小游园绿化设计的基本思路和图形绘制技能。

1. 建立图层

对照图7-21,建立道路、树种、草坪、小品等4个图层,如图7-22所示。

图7-22 创建图层

2. 绘制小游园道路和绿化区域、六角亭

调出相关图层,用"矩形"工具绘制小游园绿化区域,用"多段线"工具绘制道路线,在小游园绿化区域的适当位置用"正多边形"工具绘制六角亭,并绘好图中通向六角亭的两条小路,最后再编辑8条多段线,使其成为样条曲线。

1)用"矩形"工具绘制小游园绿化区域。

命令:_rectang   ("矩形"命令)
指定第一个角点或[倒角(C)/标高(E)/圆角(F)/厚度(T)/宽度(W)]:
                                                        (窗口中任意指定一点)
指定另一个角点或[面积(A)/尺寸(D)/旋转(R)]:@35000,22000   (回车)

2)用"多段线"和"偏移"工具绘制小游园主路。
① 绘制小游园水平方向的道路。

命令:_pline   ("多段线"命令)
指定起点: (对照图7-21,在已绘矩形左边的适当位置指定第一点)
当前线宽为0.0000
指定下一个点或[圆弧(A)/半宽(H)/长度(L)/放弃(U)/宽度(W)]:
                                          (在已绘矩形内部适当位置指定另一点)

指定下一点或［圆弧（A）/闭合（C）/半宽（H）/长度（L）/放弃（U）/宽度（W）］： 　　　　　　（用同样方法在已绘矩形内部适当位置指定一些水平道路线点）

指定下一点或［圆弧（A）/闭合（C）/半宽（H）/长度（L）/放弃（U）/宽度（W）］： 　　　　　　（在已绘矩形右边的适当位置指定终点）

指定下一点或［圆弧（A）/闭合（C）/半宽（H）/长度（L）/放弃（U）/宽度（W）］： 　　　　　　（回车）

② 偏移刚绘路线。

命令：_offset 　　　　　　　　　　　　　　　　　　　　　　（"偏移"命令）
当前设置：删除源＝否　图层＝源　OFFSETGAPTYPE＝0
指定偏移距离或［通过（T）/删除（E）/图层（L）］＜通过＞：2000
选择要偏移的对象，或［退出（E）/放弃（U）］＜退出＞： 　　　　（回车）
指定要偏移的那一侧上的点，或［退出（E）/多个（M）/放弃（U）］＜退出＞：
　　　　　　（在已绘道路线的下方任意指定一点）
选择要偏移的对象，或［退出（E）/放弃（U）］＜退出＞： 　　　　（回车）

③ 用同样方法绘制好垂直方向的两条路线。

3）用"正多边形"工具绘制六角亭，并将其线宽调整为0.3mm，颜色改为"红色"。

命令：_polygon
输入边的数目＜4＞：6
指定正多边形的中心点或［边（E）］：
　　　　（对照小游园绿化设计平面图的原图，在已绘矩形的内部适当位置指定中心点）
输入选项［内接于圆（I）/外切于圆（C）］＜I＞： 　　　　　　（回车）
指定圆的半径：键盘输入2000 　　　　　　　　　　　　　　　（回车）

4）对照图7-21，再用"多段线"工具绘好图中通向六角亭的两条小路弧线，方法同上，最终绘制结果如图7-23所示。

图7-23　小游园道路和绿化区域、六角亭

5）编辑多段线，使其成为圆滑的样条曲线。选中其中一条多段线，单击鼠标右键，弹出快捷菜单，选择"编辑多段线"（或单击"修改"菜单中的对象子菜单"多段线"），出现如下程序；

```
命令：_pedit
输入选项［闭合（C）/合并（J）/宽度（W）/编辑顶点（E）/拟合（F）/样条曲线
（S）/非曲线化（D）/线型生成（L）/放弃（U）］：S              （选中各曲线）
输入选项［闭合（C）/合并（J）/宽度（W）/编辑顶点（E）/拟合（F）/样条曲线
（S）/非曲线化（D）/线型生成（L）/放弃（U）］：              （回车）
```

6）用同样方法，将已绘的其他多段线也转换成样条曲线，再剪去多余的线，并将外边线宽调整为 0.4mm，主路线宽调整为 0.3mm，最终绘制结果如图 7-24 所示。

图 7-24　修剪后的道路

3. 铺设步石

1）用"矩形"工具绘制一个步石。

```
命令：_rectang                                （"矩形"命令）
指定第一个角点或［倒角（C）/标高（E）/圆角（F）/厚度（T）/宽度（W）］：
                                        （在窗口中任意指定一点）
指定另一个角点或［尺寸（D）］：@300，1300
```

2）创建步石块。用鼠标单击"绘图"工具条上的"创建块"图标，弹出如图 7-25 所示的对话框。

输入名称"步石"，单击拾取点，捕捉已绘矩形一垂直边的中点，回到对话框。再点击选择对象，选择已绘的矩形，最后确定，完成了步石块的创建。

3）用"定距等分"工具铺设步石。单击绘图菜单下"点"工具中下拉菜单的"定距等分"。

图 7-25　创建步石块

```
命令：_measure                                    （"定矩等分"命令）
选择要定距等分的对象：                           （选择通向六角亭的一条路线）
指定线段长度或［块（B）］：b
输入要插入的块名：步石
是否对齐块和对象？［是（Y）/否（N）］＜Y＞：              （回车）
指定线段长度：500                                          （回车）
```

4）用同样方法完成另一条通向六角亭路线的步石铺设，最终绘制结果如图 7-26 所示。

图 7-26　铺设步石

4. 插入植物图案

绘制树种 1、树种 2、树种 3 等三种植物图案，分别代表广玉兰、合欢、银杏，并将三图案建成块，方法同本项目中的【图例练习 5】。

对照小游园绿化设计平面图，根据不同植物的树冠大小，将三种植物图案大小适当调整后，复制插入到相应位置；并对部分植物图案创建阴影，方法同本项目中的【图例练习 6】，最后结果如图 7-27 所示。

图 7-27　插入植物图案

5. 创建水池和石凳

1）用"椭圆"工具绘制水池。

命令：_ellipse	（"椭圆"命令）
指定椭圆的轴端点或［圆弧（A）/中心点（C）］：	（在窗口中任意指定一点）
指定轴的另一个端点：	（打开正交，输入6000，回车）
指定另一条半轴长度或［旋转（R）］：1500	（回车）

2）用"移动"工具将水池图案移到小游园绿化平面图中的适当位置，并调整其线宽为 0.3mm。

3）用"矩形"工具绘制石凳。

命令：_rectang	（"矩形"命令）
指定第一个角点或［倒角（C）/标高（E）/圆角（F）/厚度（T）/宽度（W）］：	
	（在窗口中任意指定一点）
指定另一个角点或［尺寸（D）］：@2000，400	（回车）

4）用移动工具将刚绘的矩形石凳图案移到小游园绿化平面图中的适当位置，并用"旋转"工具调整其状态，使其近平行于对应得园路。

命令：_rotate	（"旋转"命令）
UCS 当前的正角方向：ANGDIR = 逆时针　ANGBASE = 0	
选择对象：指定对角点：	（选择需要旋转的石凳图案）
选择对象：	（回车）
指定基点：	（捕捉其一个角点）
指定旋转角度或［参照（R）］：	（移动鼠标位置，调整石凳图案至需要状态）

5）用同样方法，将另外两个石凳图案旋转调整至需要状态，结果如图 7-28 所示。

6. 填充草坪、池水

用"图案填充"工具选择适宜的草坪和池水图案，分别填入小游园绿化设计平面图的适当区域，并将其颜色调整为绿色、浅蓝色，如图 7-29 所示。

7. 标注文本、指北针等

1）以 A3 图纸为例，对图形中的组成元素进行注释，标题文字选择宋体，字高 14×100，其他图内文字选择中文字库 gbcbig，数字和字母选择 gbenor，字高 5×100，分别注释道路、树种、石凳、步石、水池等。

2）删除通向六角亭的两条小路连接线。

3）绘制简易指北针。方法同本项目中的【图例练习 4】。在绘好的指北针图案上方，输入大写字母"N"，并在其下方注明比例尺，结果如图 7-30 所示。

图 7-28　插入植物图案

图 7-29　填充草坪与池水

图 7-30　小游园绿化设计平面图

提　高　篇

【图例练习1】创建 A4 纵图框样板文件，如图 7-31 所示。

（专业）	（实名）	（签名）	（日期）
×××1	×××4		
×××2	×××5		
×××3	×××6		

（设计单位名称）

审定	（实名）	（签名）	（日期）	工程名称		设计号	×1
审核	×××7					图别	×2
设计	×××8			（图名）		图号	×3
制图	×××9					日期	×4

图 7-31　A4 纵图框

操作过程：

1. 绘制图框与标题栏

1）绘制图框边界线。以 A4 图纸纵图框为例，首先绘制图纸的边界线（也可以不绘此线），将"细实线"图层置为当前层。从"图层特性管理器"的对应下拉列表中单击"细实线"项即可，当将某一图层置为当前层后，在默认设置下，用户所绘图形的线型和颜色即为该图层的线型与颜色，如图7-32所示。

单击"绘图"面板中的"直线"按钮，或选择"绘图"|"直线"命令，即执行"line"命令，AutoCAD提示：

图7-32　将指定的图层设为当前层

指定第一点：0，0	（确定起始点）
指定下一点或 ［放弃（U）］：@210，0	（利用相对坐标确定另一点）
指定下一点或 ［放弃（U）］：@0，297	
指定下一点或 ［闭合（C）/放弃（U）］：@－210，0	
指定下一点或 ［闭合（C）/放弃（U）］：c	（封闭已绘直线，结束操作）

2）绘制图框。将"粗实线"图层置为当前层。

单击"绘图"面板中的"直线"按钮，即执行"line"命令，AutoCAD提示：

指定第一点：5，5
指定下一点或 ［放弃（U）］：@200，0
指定下一点或 ［放弃（U）］：@0，267
指定下一点或 ［闭合（C）/放弃（u）］：@200，0
指定下一点或 ［闭合（C）/放弃（U）］：c

绘制完的图幅框如图7-33所示。

图7-33　绘制图框

3）绘制标题栏和审签栏。标题栏由相互平行的一系列粗实线和细实线组成，在其对应的图层绘制图形，具体尺寸如图 7-34 所示。

图 7-34　标题栏

用同样的方法绘制审签栏，尺寸如图 7-35 所示。

4）至此，图框与标题栏绘制完成，如图 7-36 所示。

图 7-35　审签栏　　　　　　　图 7-36　图框与标题栏

2. 定义标题栏块

在实际绘图中，需要用户在标题栏中填写文字信息，如设计单位名称、图名、图号等。其填写内容一般包括两部分：AutoCAD 绘图时直接填写的文字（如单位名称、图样名称等），以及将图形通过打印机或绘图仪打印之后，在图纸上的签名（如设计者等）。对于直接填写的内容，虽然可以利用 AutoCAD 提供的标注文字的方法来填写，但较为繁琐。利用 AutoCAD 2010 提供的块与属性功能，可以方便地进行填写标题栏操作。具体方法为：将标题栏中需要在绘图时填写的文字部分定义成属性，然后将标题栏和属性定义成块即可。在填写标题栏时，可直接通过 AutoCAD 2010 提供的工具填写相应的属性值（即填写标题栏内容），下面介绍具体操作过程。

1）定义文字样式。在图 7-31 所示的标题栏中，设计单位名称的文字一般采用 5 号字

（字高为5）；审核、设计、图名等其他文字可采用3.5号字（字高为3.5），据此来定义文字样式。

单击"文字样式管理器"按钮，打开"文字样式"对话框。单击对话框中的"新建"按钮，在打开的"新建文字样式"对话框的"样式名"文本框中输入"标题栏字-3.5"，如图7-37所示。

图7-37 新建文字样式名

单击"新建文字样式"对话框的"确定"按钮，返回到"文字样式"对话框。在该对话框的"高度"文本框中输入3.5，选择gbenor和gbcbig字体，单击"应用"按钮，完成标题栏文字样式的定义，如图7-38所示。

图7-38 定义标题栏字样式

用同样的方法，定义字高为3.5的文字样式"审签栏字-3.5"。

2）定义尺寸标注样式。不同图纸规格标注尺寸文字的字高不一样，如果A4图框已定义了名为"标题字-3.5"的文字样式，那么下面就定义名为"尺寸-3.5"的尺寸标注样式。该样式用文字样式"标题字-3.5"作为尺寸文字的样式，即所标注尺寸文字的字高为 3.5mm。

定义尺寸标注样式的命令为"dimstyle"。单击"注释"标题中的"标注样式"按钮，即执行 dimstyle 命令，打开"标注样式管理器"对话框，如图 7-39 所示。

单击对话框中的"新建"按钮，在打开的"创建新标注样式"对话框中的"新样式名"文本框中输入"尺寸-3.5"，"基础样式"项选择样式 ISO-25，其余设置采用默认状态，如图 7-40 所示。

图 7-39 "标注样式管理器"对话框

图 7-40 设置新标注样式的名称

单击"继续"按钮，打开"新建标注样式"对话框。在该对话框中切换到"线"选项卡，并进行相关设置，将"基线间距"设为 6，"超出尺寸线"设为 2，将"起点偏移量"设为 0，如图 7-41 所示。

图 7-41 "线"选项卡

在该对话框中切换到"符号和箭头"选项卡，将"箭头大小"设为3.5，将"圆心标记"选项组中的"大小"设为3.5，其余均采用原有设置，即基础样式ISO-25的设置，如图7-42所示。

图7-42　设置"符号和箭头"选项卡

单击对话框中的"文字"标签，切换到"文字"选项卡，在该选项卡中设置尺寸文字方面的特性，将"文字样式"选为"标题字-3.5"，"从尺寸线偏移"设为1，"文字高度"设为3.5，其余采用基础样式ISO-25的设置，如图7-43所示。

图7-43　设置"文字"选项卡

　　单击图7-43所示的对话框中的"主单位"标签，切换到"主单位"选项卡，在该选项卡中进行有关设置。将线性标注的"单位格式"设为"小数"，其"精度"设为0，角度标注的"单位格式"设为"十进制度数"，其"精度"设为0度，如图7-44所示。

图7-44　设置"主单位"选项卡

　　单击对话框中的"确定"按钮，完成尺寸标注样式"尺寸-3.5"的设置，返回到"标注样式管理器"对话框，如图7-45所示。

图7-45　"标注样式管理器"对话框

　　从图7-45可以看出，新创建的标注样式"尺寸-3.5"已经显示在"样式"列表框中。如果将该样式置为当前样式，然后单击"关闭"按钮，关闭对话框，即可用样式"尺寸-3.5"标注尺寸。

用标注样式"尺寸-3.5"标注尺寸时，虽然可以标注出符合国标要求的大多数尺寸，但标注出的角度尺寸为图 7-46 所示的形式，不符合国标要求。国标规定：标注角度尺寸时，角度的数字一律写成水平方向，一般应注写在尺寸线的中断处，如图 7-47 所示。

图 7-46　标注角度

图 7-47　根据国标要求标注角度

为标注出符合国家标准的尺寸，还应在标注样式"尺寸-3.5"的基础上定义专门适用于角度标注的子样式。定义过程如下。

打开"标注样式管理器"对话框，在"样式"列表框选择"尺寸-3.5"选项，单击对话框中的"新建"按钮，打开"创建新标注样式"对话框，在该对话框的"用于"下拉列表中选择"角度标注"选项，其余设置保持不变，如图 7-48 所示。

图 7-48　设置角度标注样式

单击对话框中的"继续"按钮，打开"新建标注样式"对话框，在该对话框中的"文字"选项卡中，选中"文字对齐"选项组中的"水平"单选按钮，其余设置保持不变，如图 7-49 所示。

图 7-49　文字对齐设为水平

单击对话框中的"确定"按钮，完成角度样式设置，返回到"标注样式管理器"对话框，如图 7-50 所示。

图 7-50　"标注样式管理器"对话框

从图 7-50 中可以看出，AutoCAD 在已有标注样式"尺寸-3.5 的下面引出标记为"角度"的子样式，同时在预览窗口中显示出对应的角度标注效果。将"尺寸-3.5"样式设为当前样式，单击"关闭"按钮，关闭对话框，完成尺寸标注样式的设置。

特别提醒：

尺寸标注常用的字高度为 3.5mm 和 5mm，用户可以用标注样式尺寸-3.5 为基础样式，定义标注尺寸文字字高为 5mm 的样式"尺寸-5"。该样式的主要设置要求如下：

1）"线"选项卡：将"基线间距"设为 8，"超出尺寸线"设为 3，"起点偏移量"设为 0。

2）"符号和箭头"选项卡：将"箭头大小"设为 5，将"圆心标记"选项组中的"大小"设为 5，其余设置与"尺寸-3.5"样式相同。

3）"文字"选项卡：将"文字样式"设为对应的文字样式，将"文字高度"设为 5，将"从尺寸线偏移"设为 2，其余设置与"尺寸-3.5"样式相同。

其余选项卡的设置与"尺寸-3.5"样式相同。同样，创建"尺寸-5"样式后，也应该创建它的"角度"子样式，用于标注符合国标要求的角度尺寸。

3）定义属性。这里主要定义图 7-31 所示标题栏中位于括号内的文字对应的属性和图别、图号、日期等文字属性。一般来说，每一个属性有属性标记、属性提示和默认值等内容。本例需要创建的属性及其设置要求如表 7-1 所示。

表 7-1　A4 纵图框标题栏部分属性要求

属 性 标 记	属 性 提 示	默 认 值	功　能
（设计单位名称）	输入单位名称	设计单位名称	填写单位名称
设计（实名）	输入设计人姓名	实名	填写设计人姓名
设计（签名）	设计人签名	签名	设计人签名
设计（日期）	填写设计日期	日期	填写设计日期
（工程名称）	输入工程名称	工程名称	填写工程名称
（图名）	输入图名	图名	填写图名
图别	输入图形类别	图别	填写图形类别
图号	输入图号	图号	填写图号
日期	输入绘图日期	日期	填写绘图日期

下面以创建属性标记为"（设计单位名称）"的属性为例说明属性的创建过程。

将"文字标注"图层置为当前层。选择"块面板"|"定义属性"命令，即执行"attdef"命令，打开"属性定义"对话框，在该对话框中进行对应的属性设置，如图 7-51 所示。

从图 7-51 中可以看出，确定了属性标记与提示、属性值、插入点位置，并在"文字选项"中的"文字样式"下拉列表中选择"标题栏-3.5"选项；在"对正"下拉列表中选择

图 7-51　设置属性

"中间"选项。单击图 7-51 所示对话框中的"确定"按钮，指定对应的位置，即可完成标记为"（设计单位名称）"的属性定义，且 AutoCAD 将属性标记显示在相应位置，如图 7-52 所示。

（设计单位名称）					

图 7-52 定义"（设计单位名称）"属性

重复执行"attdef"命令，根据表 7-1 定义其他属性，结果如图 7-53 和图 7-54 所示（创建各属性时，应注意选择对应的文字样式与对正方式，均选择"中间"选项，审签栏的属性创建类似，此处省略）。

（设计单位名称）					
审定	（实名）	（签名）	（日期）	（工程名称）	设计号	×1
审核	×××7				图别	×2
设计	×××8			（图名）	图号	×3
制图	×××9				日期	×4

图 7-53 定义标题栏属性

（专业）	（实名）	（签名）	（日期）
×××1	×××4		
×××2	×××5		
×××3	×××6		

图 7-54 定义审签栏属性

4）定义块。单击"块"面板中的"创建块"按钮，即执行"block"命令，打开"块定义"对话框，在该对话框中进行相关设置，如图 7-55 所示。

图 7-55 定义标题栏块

园林 CAD

从图 7-55 可以看出，块名为"标题栏"，通过"拾取点"按钮将标题栏的右下角位置作为块基点，并通过"选择对象"按钮，选择标题栏的图框和属性标记文字对象，选中"转换为块"单选按钮，使得创建块后，自动将所选择对象转换成块。

单击对话框中的"确定"按钮，打开"编辑属性"对话框，如图 7-56 所示。此处不进行设置，直接单击"确定"按钮即可。

此时，得到的标题栏图形已成为一个块。当需要填写标题栏时，直接双击标题栏对象，会打开"增强属性编辑器"对话框，如图 7-57 所示。

图 7-56 "编辑属性"对话框

图 7-57 "增强属性编辑器"对话框

此时可通过大列表框，依次确定要输入属性值的项，在"值"文本框中输入对应的属性值，即所填写的内容。

3. 打印设置

打印设置包括打印设备设置、页面设置和打印样式表设置等。

选择"文件"|"页面设置管理器"命令，即执行"pagesetup"命令，打开"页面设置管理器"对话框，如图 7-58 所示。

单击"新建"按钮，打开"新建页面设置"对话框，在对话框的"新页面设置名"文本框中输入"A4 图框页面设置"，如图7-59所示。

图 7-58 "页面设置管理器"对话框

图 7-59 "新建页面设置"对话框

单击"确定"按钮，打开"页面设置"对话框，在该对话框中进行相应的设置，如图 7-60 所示。

图 7-60 "页面设置"对话框

从图 7-60 中可以看出，已完成的设置有：通过"打印机 | 绘图仪"选项组选择了打印机"Canon 2900"（读者可根据自己使用的打印机或绘图仪进行设置），将"图纸尺寸"选为 A4，将打印区域设为"图形界限"，将图形方向设为"纵向"等。

单击"确定"按钮，返回到"页面设置管理器"对话框。单击对话框中的"置为当前"按钮，将"A4 图框页面设置"设为当前打印设置。然后，单击"关闭"按钮，完成打印设置。

4. 保存样板文件

前面绘制了图框与标题栏，定义了标题栏块并进行打印设置等之后，即可将图形保存为样板文件（如有必要，还可以进行其他设置）。保存方法如下：

保存图形前，将文字样式"标题栏字-3.5"和尺寸样式"尺寸-3.5"设为当前样式；并通过选择"视图"|"缩放"|"全部"命令，将整个图幅显示在绘图区域内。

选择"文件"|"另存为"命令，打开"图形另存为"对话框。在该对话框中进行相应设置，如图 7-61 所示。

图 7-61　"图形另存为"对话框

从图 7-61 中可以看出，通过"文件类型"下拉列表将文件保存类型选择为"AutoCAD 图形样板（*.dwt）"选项，并通过"文件名"文本框将文件命名为"Gb-a4"（AutoCAD 2010 默认将样板文件保存在 AutoCAD 安装文件夹下的 Template 目录中）。

单击对话框中的"保存"按钮，打开"样板选项"对话框。在该对话框中输入对应的说明，如图 7-62 所示，单击"确定"按钮，完成样板文件的定义。

图 7-62　"样板选项"对话框

思 考 题

1. 多段线与直线有哪些区别?

2. 图块与一般图形对象有哪些区别?

3. 如果在定义块时，新输入的块名与原有块名相同会发生什么现象？块的重定义有什么作用?

4. 由"0"图层上对象定义的块名与其他图层上对象定义的块有哪些区别?

5. 向一个图形文件添加图块或文件用什么命令?

6. 块属性有哪些作用?

7. 如何修改块属性的值?

8. 如何向一个现有的图块添加属性定义?

9. 试用"旋转"命令对任何一个图形进行旋转。

项目八

绘制园林小房子效果图

学习目标

1. 熟练运用长方体、抽壳、UCS、导航等三维工具进行绘图。
2. 掌握材质、新建背景、新建光源等工具的运用。
3. 了解效果图渲染及保存图像技术。
4. 学会制作园林小房子及其周围环境的渲染效果图，如图8-1所示。

图 8-1　园林小房子效果图

1. 掌握材质特性的修改。
2. 掌握光源的修改。

知　识　篇

1. 用户坐标系

由于三维绘图环境不同于二维绘图环境，只使用世界坐标系是远远不够的。因此在开始绘制三维图形之前，我们先讨论一下三维坐标系。

（1）指定三维坐标　在三维绘图时，除了增加第三维坐标（即 Z 轴）之外，指定三维坐标与指定二维坐标是相同的。在三维空间绘图时，要在世界坐标系（WCS）或用户坐标系（UCS）中指定 X、Y 和 Z 的坐标值，如点坐标 (X, Y, Z) 或@ (X, Y, Z)。

（2）用户坐标系（UCS）　在 AutoCAD 中，用户可以根据需要定制自己的坐标系，即 UCS 坐标系。利用适当的 UCS，可以容易地绘制出三维面、体，从而组合成为三维立体图。在 AutoCAD 中，命令提示如下：

> 命令：ucs
> 当前 ucs 名称：＊世界＊
> 输入选项［新建（N）/移动（M）/正交（G）/上一个（P）/恢复（R）/保存（S）/删除（D）/应用（A）/? /世界（W）］
> ＜世界＞：n
> 指定新 ucs 的原点或［z 轴（ZA）/三点（3）/对象（OB）/面（F）/视图（V）/X/Y/Z］＜0, 0, 0＞：

特别提醒：

使用"ucs"命令时应了解以下选项：

1）"新建"（N）：建立一个新的用户坐标系。

2）"Z 轴"（ZA）：用两点定义 Z 轴。

3）"三点"（3）：用 3 点定义。

4）"对象"（OB）：与被选中的实体建立关联。

5）"面"（F）：用某个实体上被选中的表面。

6）"视图"（V）：按当前的显示。

7）"$X/Y/Z$"：沿 X 轴、Y 轴或 Z 轴旋转。

8）"＜0, 0, 0＞"：在指定的点处建立坐标原点 $(0, 0, 0)$。

9）"移动"（M）：在 XY 面移动原点或改变 Z 坐标定义一个新的用户坐标系。

10）"正交"（G）：从 6 个事先定义好的坐标系（Top/Bottom/Front/Back/Left/Right）中选择一个作为用户坐标系。

11）"上一个"（P）：将用户坐标系图标设置为前一次定义的用户坐标系。

12）"恢复"（R）：使用原来保存的用户坐标系。

13）"保存"（S）：保存当前的用户坐标系，其名称不得与其他坐标系名称重复。

14）"删除"（D）：从当前图形的数据库中删除某个用户坐标系。

15）"应用"（A）：将当前用户坐标系设置到某个指定的视窗中。

16）"?"：列表显示所有已建立的用户坐标系。

17）"世界"（W）：从用户坐标系切换到世界坐标系。

（3）右手定则　通过右手定则来确定三维坐标系的各方向。

右手定则是以人的右手作为判断工具，大拇指指向 X 轴正方向，食指指向 Y 轴正方向，然后弯曲其余 3 指，这 3 个手指的弯曲方向即为坐标系的 Z 轴正方向。

采用右手定则还可以确定坐标轴的旋转正方向，其方法是将大拇指指向坐标轴的正方向，然后将其余 4 指弯曲，此时弯曲方向即是该坐标轴的旋转正方向。

2. 三维绘图工具

在绘图时，特别是三维绘图中，经常需要创建面域。面域指具有边界的平面区域。闭合多线段、直线和曲线都是有效的选择对象。对于已创建的面域对象，可以进行填充图案和着色等操作，还可通过差集、并集或交集创建组合面域。可在命令行中输入"region"后选择对象。

（1）长方体的绘制

【图例练习 1】绘制长、宽、高分别为 200×100×50 的长方体（视点为西南正等轴测图）。

操作过程：单击"常用"选项卡/"建模"面板/"长方体"按钮，在绘图窗口中任意指定第一个角点，然后指定另一角点，输入相对坐标@（200，100，50），回车即可，结果如图 8-2 所示。

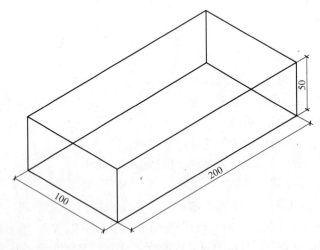

图 8-2　绘制长方体

```
命令：_box
指定第一个角点或 [中心（C）]：                          （任意指定第一个角点）
指定其他角点或 [立方体（C）/长度（L）]：@200，100，50          （回车）
```

（2）抽壳的运用　如果想删除面，又想抽空"厚度"，则可使用"抽壳"命令。

【图例练习2】用"抽壳"工具修改图8-2中的长方体，抽壳距离为5。

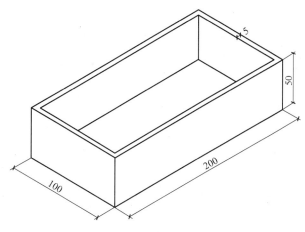

图8-3　抽壳工具绘图

操作过程：

单击"常用"选项卡|"实体编辑"面板|"抽壳"按钮，选择"长方体"，删除上表面，输入抽壳距离5，回车即可，结果如图8-3所示。

命令：_solidedit　　　　　　　　　　　　　　　　　　（"抽壳"命令）

实体编辑自动检查：SOLIDCHECK = 1

输入实体编辑选项［面（F）/边（E）/体（B）/放弃（U）/退出（X）］＜退出＞：_body

输入体编辑选项［压印（I）/分割实体（P）/抽壳（S）/清除（L）/检查（C）/放弃（U）/退出（X）］＜退出＞：_shell

选择三维实体：　　　　　　　　　　　　　　　（选择已绘制好的长方体）

删除面或［放弃（U）/添加（A）/全部（ALL）］：找到一个面，已删除1个

　　　　　　　　　　　　　　　　　　　　　　（单击长方体的上表面）

删除面或［放弃（U）/添加（A）/全部（ALL）］：　　　　　　（回车）

输入抽壳偏移距离：5　　　　　　　　　　　　　　　　　　（回车）

（3）拉伸的运用　三维拉伸可将图形按照方向、路径、倾斜角进行拉伸。

【图例练习3】用"拉伸"工具将图8-4中的圆沿曲线拉伸为弯曲实体。

图8-4　用"拉伸"工具绘图

操作过程：

1）绘制圆，视点为西南正等轴测图。

> 命令：_circle
> 指定圆的圆心或［三点（3P）/两点（2P）/切点、切点、半径（T）］： （任意捕捉一点）
> 指定圆的半径或［直径（D）］＜5.0000＞：5

2）旋转坐标轴。绕 *X* 轴旋转 90°。

> 命令：_ucs
> 当前 UCS 名称：＊没有名称＊
> 指定 UCS 的原点或［面（F）/命名（NA）/对象（OB）/上一个（P）/视图（V）/世界（W）/X/Y/Z/Z 轴（ZA）］＜世界＞：_x
> 指定绕 X 轴的旋转角度 ＜90＞： （回车）

3）用样条曲线绘制曲线。

> 命令：_spline （"样条曲线"命令）
> 指定第一个点或［对象（O）］： （任意指定）
> 指定下一点：＜正交 关＞ （任意指定）
> 指定下一点或［闭合（C）/拟合公差（F）］＜起点切向＞： （任意指定）
> 指定下一点或［闭合（C）/拟合公差（F）］＜起点切向＞： （任意指定）
> 指定下一点或［闭合（C）/拟合公差（F）］＜起点切向＞： （任意指定）
> 指定起点切向： （调整至需要的形状，单击鼠标左键）
> 指定端点切向： （调整至需要的形状，单击鼠标左键）

4）单击"常用"选项卡｜"建模"面板｜"拉伸"按钮，用"拉伸"工具绘制弯曲实体，结果如图 8-5 所示。

图 8-5　弯曲实体图

> 命令：_extrude （三维"拉伸"命令）
> 当前线框密度：ISOLINES = 8
> 选择要拉伸的对象：找到 1 个 （选择已绘制的圆）
> 选择要拉伸的对象： （回车）
> 指定拉伸的高度或［方向（D）/路径（P）/倾斜角（T）］＜2.6386＞：p
> 选择拉伸路径或［倾斜角（T）］： （选择所绘曲线）

（4）面拉伸的运用　面拉伸的对象为图形中的某个面，可沿路径、方向、倾斜角拉伸。

【图例练习4】用"面拉伸"工具将图8-6中的长方体上表面向上拉伸5个单位（视点为西南正等轴测图）。

操作过程：单击"常用"选项卡｜"实体编辑"面板｜"面拉伸"按钮，选择长方体上表面，输入距离5，回车即可。

（5）圆柱的绘制　可使用"圆柱"命令方便地绘制三维柱体。

【图例练习5】绘制图8-7中的圆柱（视点为西南正等轴测图）。

图8-6　用"面拉伸"工具绘图

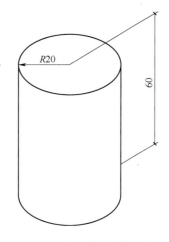

图8-7　绘制圆柱

操作过程：单击"建模"面板上的"圆柱"图标。

```
命令：_cylinder                              （"圆柱"命令）
    指定底面的中心点或［三点（3P）/两点（2P）/切点、切点、半径（T）/椭圆
（E）］：                                  （在窗口上任意指定一点）
    指定底面半径或［直径（D）］＜20.0000＞：20
    指定高度或［两点（2P）/轴端点（A）］＜60.0000＞：60
```

（6）布尔运算

1）并集：将两个或多个被选中的实体组合成一个单一的实体。

【图例练习6】将图8-8中的两个实体合并为一个实体。

图8-8　两个实体

操作过程：单击"常用"选项卡｜"实体编辑"面板｜"并集"按钮，命令行提示

园林 CAD

如下：

```
命令：_union                              （"并集"命令）
选择对象：
指定对角点：找到 2 个                      （选中图中的两个实体）
选择对象：                                （回车）
```

绘制结果如图 8-9 所示。

图 8-9 并集后的实体

2）差集：从某个原实体中减去一个或多个实体。

【图例练习 7】将图 8-8 中的长方体通过"差集"命令，减去圆柱体。

操作过程： 单击"常用"选项卡 |"实体编辑"面板 |"差集"按钮，命令行提示如下：

```
命令：_subtract                                 （"差集"命令）
选择要从中减去的实体、曲面和面域...
选择对象：找到 1 个                              （选择长方体）
选择对象：                                      （回车）
选择要减去的实体、曲面和面域...
选择对象：找到 1 个                              （选择圆柱体）
选择对象：                                      （回车）
```

绘制结果如图 8-10 所示。

图 8-10 差集后的实体

3）交集：用这个命令求出一组被选中实体的公共部分。

【图例练习8】将图8-8中的两个实体通过"交集"命令，获得公共部分实体。

操作过程：单击"常用"选项卡｜"实体编辑"面板｜"交集"按钮，命令行提示如下：

命令：_intersect	（"交集"命令）
选择对象：找到1个	（选择长方体）
选择对象：找到1个，总计2个	（选择圆柱体）
选择对象：	（回车）

绘制结果如图8-11所示。

3. 三维动态观察

利用动态观察器可以通过简单的鼠标操作对三维模型进行多角度观察，从而使操作更加灵活，观察角度更加全面。动态观察又分为受约束的动态观察、自由动态观察和连续动态观察。

1）受约束的动态观察：沿 *XY* 平面或 *Z* 轴约束三维动态观察。

图8-11 交集后的实体

启用命令方法为："视图"｜"导航"｜"动态观察"。启用"动态观察"命令后，拖动鼠标（按下鼠标左键同时移动鼠标）。如果水平拖动，模型将平行于世界坐标系（WCS）的 *XY* 平面；如果垂直拖动，模型将沿 *Z* 轴移动。

2）自由动态观察：不参照平面，在任意方向上进行动态观察。沿 *XY* 平面和 *Z* 轴进行动态观察时，视点不受约束。

启用命令方法为："视图"｜"导航"｜"自由动态观察"。在拖动鼠标旋转观察模型时，鼠标位于转盘的不同部位，指针会显示为不同形状，也会产生不同的显示效果。

3）连续动态观察：连续地进行动态观察。在要使连续动态观察移动的方向上单击并拖动鼠标，然后松开鼠标，轨迹沿该方向继续移动。

启用命令方法为："视图"｜"导航"｜"连续动态观察"。此时在绘图区域中单击并沿任意方向拖动鼠标，使对象沿正在拖动的方向开始移动。若松开鼠标，对象会在指定的方向上继续沿着它们的轨迹运动。光标移动时设置的速度决定了对象的旋转速度。

实 战 篇

1. 剖析园林小房子效果图绘制流程

本例通过学习制作图8-1所示的小房子及其周围环境的渲染效果图，掌握实体绘制、赋材质方法、设置背景、创设平行光与点光源，以及如何单独修改某一对象上的材质，最后保存渲染图像。

绘制房子需要用"长方体"工具和"抽壳"工具。房子由外墙、内墙、房顶、地面和台阶构成，由于赋给对象的材质将贴在对象的所有表面，而房子的内壁为白色粉刷墙壁，外壁为砖墙，所以要将墙壁做成两个实体。地面包括内和外两部分：房内的地板和房外起散水作用的地面。另外房子还有蓝色玻璃窗和木门。草坪是为产生阴影而设置的，选择的背景图像有草坪，但阴影不能投射在背景上，所以应选择与背景颜色相近的材质作为草坪，这样渲染后可以使用户绘制的图形与背景较好地融合，产生浑然一体的感觉。

材质不同的实体不能通过布尔运算来合并，所以尽管现实中墙壁、房顶、台阶、地面是一个整体，这里却要各自为一个独立的实体。图形中实体较多，应通过"材质"对话框的"将材质应用到对象"按钮选择不同实体赋材质，如所赋材质特性已改动，还必须重新将该材质赋予相应的对象。光源的建立直接影响到效果的渲染，本例新建了一个平行光和一个点光源，平行光使房子产生阴影，点光源照亮室内，透过玻璃窗可以看清地板的图案。

绘制好图形中所有实体后，为实体赋材质、调整材质、设置背景和光源等。

2. 设置绘图初始环境

（1）图幅 图幅为 2500×2100。

（2）图层

1）玻璃窗。颜色：蓝色。自定义材质：透明。

2）草坪。材质图案自定义。

3）窗框。材质库中选择装饰金属（青铜、光滑）。

4）地面。颜色为浅灰色。

5）地板。材质图案自定义。

6）台阶。材质库中选择混凝土（平面、灰色）。

7）房顶。颜色：浅黄色。

8）门。材质库中选择胡桃木。

9）内墙。颜色：白色。

10）外墙。材质库中选择块体砖石（组合式、英式）。

（3）自动捕捉方式 自动捕捉方式：端点、中点。

（4）设置视点 From X Axis：135。XY Plane：16。

3. 绘制园林小房子实体

作为渲染效果图房子的尺寸不需要很精确，只要保证各部分比例协调即可。

（1）绘制外墙

先用"长方体"命令绘制一个 600×500×300 的长方体，对长方体进行抽壳操作，抽壳壁厚为 30，抽壳时移去上表面。窗户和门绘制成长方体，通过布尔运算从外墙减去。绘制结果如图8-12所示。

操作过程：

1）绘制外墙实体。

窗距左墙外表面和地面分为80和90
门距右墙外表面50，距地面30

图8-12 房子外墙

命令：_box　　　　　　　　　　　　　　　　　　　　（"长方体"命令）

指定长方体的角点或［中心点（CE）］<0，0，0>：

　　　　　　　　　　　　　　　　　　　　（在窗口上任意指定第一个角点）

指定角点或［立方体（C）/长度（L）］：@600，500，300　　　（回车）

命令：_solidedit　　　　　　　　　　　　　　　　　　（"抽壳"命令）

实体编辑自动检查：SOLIDCHECK=1

输入实体编辑选项［面（F）/边（E）/体（B）/放弃（U）/退出（X）］<退出>：_body

输入体编辑选项［压印（I）/分割实体（P）/抽壳（S）/清除（L）/检查（C）/放弃（U）/退出（X）］<退出>：_shell

选择三维实体：　　　　　　　　　　　　　　　　　　（选择已绘长方体）

删除面或［放弃（U）/添加（A）/全部（ALL）］：找到一个面，已删除1个

删除面或［放弃（U）/添加（A）/全部（ALL）］：　　　　　　（回车）

输入抽壳偏移距离：30　　　　　　　　　　　　　　　　（回车）

2）绘制窗实体。

命令：_box

指定长方体的角点或［中心点（CE）］<0，0，0>：

　　　　　　　　　　　　　　　　　　　　（在窗口上任意指定第一个角点）

指定角点或［立方体（C）/长度（L）］：@220，30，150　　　（回车）

3）绘制门实体。

命令：_box

指定长方体的角点或［中心点（CE）］<0，0，0>：

　　　　　　　　　　　　　　　　　　　　（在窗口上任意指定第一个角点）

指定角点或［立方体（C）/长度（L）］：@130，30，201　　　（回车）

4）移动窗实体（两次移动）。

命令：_move　　　　　　　　　　　　　　　　　　　　（"移动"命令）

选择对象：找到1个　　　　　　　　　　　　　　　　　（选择所绘窗实体）

选择对象：　　　　　　　　　　　　　　　　　　　　　（回车）

指定基点或位移：　　　　　　　　　　　　　（捕捉所绘窗实体的左下角点）

指定位移的第二点或<用第一点作位移>：　　　（捕捉小房子实体的左下角点）

命令：MOVE

选择对象：找到1个　　　　　　　　　　　　　　　　　（选择所绘窗实体）

选择对象：　　　　　　　　　　　　　　　　　　　　　（回车）

指定基点或位移：　　　　　　　　　　　　　（捕捉小房子实体的左下角点）

指定位移的第二点或<用第一点作位移>：@80，0，90　　（回车）

5）移动门实体。

命令：_move
选择对象：找到 1 个　　　　　　　　　　　　　　　（选择所绘门实体）
选择对象：　　　　　　　　　　　　　　　　　　　　　（回车）
指定基点或位移：　　　　　　　　　　　　（捕捉所绘门实体的右下角点）
指定位移的第二点或 ＜用第一点作位移＞：　　（捕捉小房子实体的右下角点）
命令：MOVE
选择对象：找到 1 个　　　　　　　　　　　　　　　（选择所绘门实体）
选择对象：　　　　　　　　　　　　　　　　　　　　　（回车）
指定基点或位移：　　　　　　　　　　　　（捕捉小房子实体的右下角点）
指定位移的第二点或 ＜用第一点作位移＞：＠ –50，0，30　　　　（回车）

6）墙体中减去窗和门实体。

命令：_subtract　　　　　　　　　　　　　　　　（"差集"命令）
选择要从中减去的实体或面域…
选择对象：找到 1 个　　　　　　　　　　　　　　（选择所绘小房子实体）
选择对象：　　　　　　　　　　　　　　　　　　　　（回车）
选择要减去的实体或面域…
选择对象：找到 1 个　　　　　　　　　　　　　　　（选择所绘门实体）
选择对象：找到 1 个，总计 2 个　　　　　　　　　（选择所绘窗实体）
选择对象：　　　　　　　　　　　　　　　　　　　　（回车）

（2）绘制地板、地面和台阶

1）绘制地板。地板也用长方体表示，借助外墙内部下表面的对角点可以直接确定长方体的底面，再输入高度 1，地板底面刚好紧贴外墙内部下表面。这样绘制的 box 没有包括门框处的地板，再借助门框底面的对角点确定一个小的长方体的底面，高度仍为 1，如图 8-13 所示。

图 8-13　地板

命令：_box

指定长方体的角点或［中心点（CE）］<0，0，0>：

（捕捉外墙内部下表面的一个角点）

指定角点或［立方体（C）/长度（L）］：　（捕捉外墙内部下表面的对角点）

指定高度：1　（回车）

命令：BOX

指定长方体的角点或［中心点（CE）］<0，0，0>：　（捕捉门框底面的一个角点）

指定角点或［立方体（C）/长度（L）］：　（捕捉门框底面的对角点）

指定高度：1　（回车）

2）绘制台阶。台阶由三个长方体构成，尺寸分别为 200×90×11、200×65×10 和 200×40×10，通过布尔运算合并得到整体的台阶。再用"move"命令将台阶移到实际位置，移动时基点捕捉平台上表面后侧中点，目标点捕捉门框下表面外侧中点，绘制结果如图 8-14 所示。

图 8-14　台阶

① 绘制最上层一个台阶。

命令：_box

指定长方体的角点或［中心点（CE）］<0，0，0>：　（任意指定）

指定角点或［立方体（C）/长度（L）］：@200，40，10　（回车）

命令：_copy　（复制两个台阶）

选择对象：找到 1 个　（选择刚才绘制的@200，40，10 台阶实体）

选择对象：　（回车）

指定基点或位移：捕捉所绘台阶的一个角点，指定位移的第二点或 <用第一点作位移>：　（任意指定）

指定位移的第二点：　（任意指定）

指定位移的第二点：＊取消＊

② 绘制中间的一个台阶。

命令：_solidedit   （"抽壳"命令）

实体编辑自动检查：SOLIDCHECK＝1

输入实体编辑选项［面（F）/边（E）/体（B）/放弃（U）/退出（X）］＜退出＞：_face

输入面编辑选项［拉伸（E）/移动（M）/旋转（R）/偏移（O）/倾斜（T）/删除（D）/复制（C）/着色（L）/放弃（U）/退出（X）］＜退出＞：_extrude

                 （"面拉伸"命令）

选择面或［放弃（U）/删除（R）］：找到1个面   （选择需要拉伸的面）

选择面或［放弃（U）/删除（R）/全部（ALL）］：   （回车）

指定拉伸高度或［路径（P）］：25

指定拉伸的倾斜角度＜0＞：   （回车）

③ 绘制最下层的一个台阶。

命令：_solidedit

实体编辑自动检查：SOLIDCHECK＝1

输入实体编辑选项［面（F）/边（E）/体（B）/放弃（U）/退出（X）］＜退出＞：_face

输入面编辑选项［拉伸（E）/移动（M）/旋转（R）/偏移（O）/倾斜（T）/删除（D）/复制（C）/着色（L）/放弃（U）/退出（X）］＜退出＞：_extrude

选择面或［放弃（U）/删除（R）］：找到一个面   （选择需要拉伸的面）

选择面或［放弃（U）/删除（R）/全部（ALL）］：   （回车）

指定拉伸高度或［路径（P）］：50

指定拉伸的倾斜角度＜0＞：   （回车）

命令：_solidedit

实体编辑自动检查：SOLIDCHECK＝1

输入实体编辑选项［面（F）/边（E）/体（B）/放弃（U）/退出（X）］＜退出＞：_face

输入面编辑选项［拉伸（E）/移动（M）/旋转（R）/偏移（O）/倾斜（T）/删除（D）/复制（C）/着色（L）/放弃（U）/退出（X）］＜退出＞：_extrude

选择面或［放弃（U）/删除（R）］：找到一个面

        （选择所绘@200，40，10台阶实体的上表面）

选择面或［放弃（U）/删除（R）/全部（ALL）］：   （回车）

指定拉伸高度或［路径（P）］：1

指定拉伸的倾斜角度＜0＞：   （回车）

④ 三个台阶对齐放置。

命令：_move

选择对象：找到 1 个　　　　　　　　　　　（选择所绘@200，40，10 台阶实体）

选择对象：　　　　　　　　　　　　　　　　　　　　　　（回车）

指定基点或位移：　　　　　　　（捕捉所绘@200，40，10 台阶实体的左下角点）

指定位移的第二点或 ＜用第一点作位移＞：

　　　　　　　　　　　　　　　　　（捕捉刚才拉伸长度为 25 的实体的左上角点）

命令：MOVE

选择对象：　　　　　　　　　　　　　　　　　（选择刚才拉伸 50 的实体）

指定基点或位移：　　　　　　　　　（捕捉刚才拉伸 50 实体的左上角点）

指定位移的第二点或 ＜用第一点作位移＞：（捕捉刚才拉伸 25 实体的左下角点）

命令：_union　　　　　　　　　　　　　　　　（"并集"命令）

选择对象：　　　　　　　　　　　　　　（选择所绘 3 个台阶的实体）

指定对角点：找到 3 个

选择对象：　　　　　　　　　　　　　　　　　　　　　　（回车）

3）绘制地面。地面由一个 760×710×3 的长方体和一个 420×120×3 的长方体通过布尔运算合并而成，如图 8-15 所示。地面绘制好后，将其水平移动到外墙和台阶到地面各边的距离基本相等的位置。

图 8-15　地面

操作过程：

命令：_box

指定长方体的角点或［中心点（CE）］＜0，0，0＞：　　　　　　　（任意指定）

指定角点或［立方体（C）/长度（L）］：@760，710，3

命令：BOX

指定长方体的角点或［中心点（CE）］＜0，0，0＞：

　　　　　　　　　　　　　　　（捕捉@760，710，3 的长方体右前方下角点）

指定角点或［立方体（C）/长度（L）］：@420，120，3

命令：_union

选择对象：　　　　　　　　　　　　　　　　　　　　　（选择所绘2个实体）

指定对角点：找到2个

选择对象：　　　　　　　　　　　　　　　　　　　　　　　　　　　（回车）

特别提醒：

　　画外墙、台阶和地面时，定义长方体都没有使用捕捉功能，且高度为正值，因此外墙、台阶和地面的下表面部在 $Z=0$ 的位置上，应将外墙、地板、台阶同时向上移动3个单位，使外墙和台阶的下表面与地面的上表面在同一高度，如图8-16所示。

图 8-16　外墙、地板、台阶

　　（3）绘制内墙　借助地板上表面的一个顶点和外墙上表面内侧的一个顶点可以确定一个长方体的两个对角点，从而直接绘制长方体，对长方体进行抽壳操作，选择地板靠门窗一侧的棱线，就可以同时移去两个面，抽壳壁厚为2。如果绘制前墙，需要绘制窗框和门框，因为从正面观察看不到内墙的前墙，因此省略。内墙的绘制结果如图8-17所示。

　　（4）绘制门　绘制 $65×5×200$ 的长方体，双开门的另一扇可以通过复制得到。将右边的门以门右侧下面的棱线中点为基点轴旋转30°，得到半开的效果。门的绘制结果如图8-18所示。

内墙壁厚2

图 8-17　内墙

门宽65×2，高200，厚5
右扇开门角度30

图 8-18　门

操作过程：

> 命令：_box
> 指定长方体的角点或［中心点（CE）］<0，0，0＞：　　　　　　　　（任意指定）
> 指定角点或［立方体（C）/长度（L）］：@65，5，200
> 命令：_copy　　　　　　　　　　　　　　　　　　　　　　　（"复制"命令）
> 选择对象：　　　　　　　　　　　　　　　　　　　　　　（选择所绘门实体）
> 指定对角点：找到 1 个
> 选择对象：　　　　　　　　　　　　　　　　　　　　　　　　　　（回车）

（5）绘制窗户

窗户的绘制包括两部分：窗框和玻璃。绘制结果如图 8-19 所示。

1）窗框。绘制尺寸为 113×6×150 的长方体窗框，先对长方体进行抽壳操作，移去前后两个表面，抽壳壁厚 6，另一扇通过复制得到。然后移动窗框使窗框前后方向的中点与外墙窗框前后方向的中点对齐。

玻璃宽度101，高度138，厚度1
窗框宽度220，高度150，厚度6，每边宽度6

图 8-19　窗

操作过程：

> 命令：_box
> 指定长方体的角点或［中心点（CE）］<0，0，0＞：　　　　　　　　（任意指定）
> 指定角点或［立方体（C）/长度（L）］：@113，6，150
> 命令：_solidedit
> 实体编辑自动检查：SOLIDCHECK = 1
> 输入实体编辑选项［面（F）/边（E）/体（B）/放弃（U）/退出（X）］<退出＞：_body
> 输入体编辑选项［压印（I）/分割实体（P）/抽壳（S）/清除（L）/检查（C）/放弃（U）/退出（X）］<退出＞：_shell
> 选择三维实体：　　　　　　　　　　　　　　　（选择 113×6×150 的窗框实体）
> 删除面或［放弃（U）/添加（A）/全部（ALL）］：找到一个面，已删除 1 个
> 　　　　　　　　　　　　　　　　　　　　　　　　（单击鼠标左键选择窗框前表面）
> 删除面或［放弃（U）/添加（A）/全部（ALL）］：找到一个面，已删除 1 个
> 　　　　　　　　　　　　　　　　　　　　　　　　　　（再次选择窗框前表面）
> 删除面或［放弃（U）/添加（A）/全部（ALL）］：　　　　　　　　　（回车）
> 输入抽壳偏移距离：6

2）玻璃。借助一个窗框内侧的两个对角点确定长方体的两个对角点，长方体高度 1（玻璃厚度）。另一扇窗玻璃通过复制生成。

操作过程：

命令：_solidedit

实体编辑自动检查：SOLIDCHECK = 1

输入实体编辑选项 ［面（F）/边（E）/体（B）/放弃（U）/退出（X）］＜退出＞：

_edge

输入边编辑选项 ［复制（C）/着色（L）/放弃（U）/退出（X）］＜退出＞：_copy

选择边或 ［放弃（U）/删除（R）］： （选择窗框内侧面的第一条边）

选择边或 ［放弃（U）/删除（R）］： （选择窗框内侧面的第二条边）

选择边或 ［放弃（U）/删除（R）］： （选择窗框内侧面的第三条边）

选择边或 ［放弃（U）/删除（R）］： （选择窗框内侧面的第四条边）

选择边或 ［放弃（U）/删除（R）］： （回车）

指定基点或位移： （捕捉窗框内侧面的一个对角点）

指定位移的第二点： （任意指定）

输入边编辑选项 ［复制（C）/着色（L）/放弃（U）/退出（X）］＜退出＞： （回车）

命令：_region （创建面域）

选择对象： （选择刚才实体复制的 4 条边）

指定对角点：找到 4 个

选择对象： （回车）

已提取 1 个环

已创建 1 个面域

命令：_extrude

当前线框密度：ISOLINES = 4

选择对象：找到 1 个 （选择刚才创建的面域）

选择对象： （回车）

指定拉伸高度或 ［路径（P）］：1

指定拉伸的倾斜角度 ＜0＞： （回车）

完成窗户的绘制后，小房子的实体应如图 8-20 所示。

图 8-20　房子草图

（6）绘制房顶　恢复世界坐标系，绘制一个 680×580×30 的长方体表示房顶，将长方体移动到使其下表面与外墙上表面平齐，且外墙各边到房顶各边的距离基本相等。

操作过程：

```
命令：_box
指定长方体的角点或［中心点（CE）］<0，0，0>：　　　　　　　　　（任意指定）
指定角点或［立方体（C）/长度（L）］：@680，580，30
```

（7）绘制草坪　绘制一个 2200×2100×（−30）的长方体表示草坪。草坪高度取负值以保证草坪上表面位于 $Z=0$ 的平面上。因为插入前景时，如果不进行捕捉，直接在屏幕上拾取一点，这点将在 $Z=0$ 的平面上，草坪上表面不高于 $Z=0$ 的平面可以避免前景有一部分埋入草坪。将草坪移动到后侧上表面棱线中点与外墙外部下表面后侧中点对齐。草坪的绘制结果如图 8-21 所示。

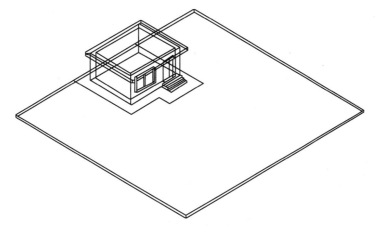

草坪长度2200，宽度2100，高度−30

图 8-21　绘制草坪

房子绘制完成后，如图 8-22 所示。

图 8-22　房子结构图

4. 小房子实体赋材质

（1）材质的基础知识 为模型的各个部分赋予材质，是创建渲染对象的第一步，也是最关键的一步。这是因为赋予材质将直接决定渲染着色效果。在材质的选择过程中，不仅要了解实体本身的物质属性，还需要配合场景的实际用途、采光条件等。

1）"材质库"选项板。材质库是用来控制材质操作的设置选项板，要打开材质库，可在三维建模工作空间中选择"视图"|"选项板"|"工具选项板"选项，即可打开"材质库"选项板，如图 8-23 所示。

图 8-23 "材质库"选项板

通过该选项板可以直接选择并赋予三维对象材质，选择材质并拖动鼠标，将材质拖动到图形对象上即可将该材质赋予当前对象。

2）材质选项板。在 AutoCAD 中，要将创建的模型渲染成真实的物体，不仅需要通过材质库赋予模型材质，还需要对这些材质进行更细微的设置，从而使设置的材质达到惟妙惟肖的真实效果。

利用材质库添加材质时，可在"视图"选项卡中单击"三维选项板"中的"材质"按钮，此时添加的材质样例同时显示在"材质"选项板下的"图形中可用的材质"列表框中。

① 图形中可用的材质。在"图形中可用的材质"列表框中显示了可用材质的样例，控制材质在实体对象中的应用，以及通过其中的"材质"窗口实现对样例材质的预览，如图8-23 所示。通过单击该选项板下的"工具"按钮，可实现不同的样例特性显示效果。

② 材质编辑器。该卷展面板主要用于编辑"图形中可用的材质"卷展面板中选择的材质，在该选项板中选择材质的类型和样板，可以设置对象的不透明度、反光度和折射度等参数，如图 8-24 和图 8-25 所示。

图 8-24 "材质"选项板

图 8-25 材质编辑器（一）

a）反光度。该选项主要用于设置材质的反光度。所设置的反光度越高，表示物体的表面越光滑，此时表面上的亮显区域较小但显示较亮；反之，所设置的反光度越小，表示物体表面越粗糙，就可以将光线反射到较多方向，所以其表面上的亮显区较大且显示较柔和的亮显。

b）不透明度。该选项主要用于设置具有透明的对象允许光源穿过该表面（不适用于金属材质类型）。所设置的不透明度越低，表示穿越该表面的光源越强；反之，所设置的不透明度越高，表示穿越该表面的光源越弱。当不透明度设置为100时，该对象将不具有透明度。在设置材质特性时，"折射率"选项组是主要用于控制通过附着部分透明材质时物体如何折射光，它与"半透明度"选项组一样不能用于"真实金属"和"高级金属"样板。

c）半透明。该选项主要用于设置材质的半透明度。半透明对象传递光线时，在对象内也会散射部分光线，即影响光线的透过率。该选项就是控制此类对象的半透明度，以控制光线透过该实体后的强弱程度。这里半透明度以百分比为单位，当半透明值为0时，材质不透明；当半透明值为100时，材质完全透明，它不适用于金属样板和真实金属样板。

d）自发光。此选项用于设置材质的自发光特性，当设置为大于0的值时，可以使对象自身显示为发光而不依赖于图形中的光源。

③ 高级和高级金属材质。选择"高级"或"高级金属"材质类型，用于设置更多选项的材质，包括用于创建特殊效果的特性（例如模拟反射），并可对材质偏移设置和预览设置效果，如图8-26所示。

图8-26　材质编辑器（二）

a）环境光。调整该选项的颜色块，可以控制由环境光单独照射在物体面上所显示的颜色。默认情况下，在高级样板中"环境光"选项右侧的"随对象"复选框处于启用状态。禁用"随对象"复选框，通过调整该复选框左边的颜色块，可指定有环境光的颜色。在默认情况下，"环境光"选项组右侧的"随对象"复选框为启用状态，如果单击"环境光"和"漫射"选项组之间的锁定目标，系统会将这两个选项锁定，环境色设置为漫射颜色。

b）漫射。调整该选项的颜色块，可以控制光线照射到物体表面上时，光线发生漫射时的颜色。

c）高光。该选项仅在选择"高级"选项时才会显示。通过调整此选项组中的色块，可以指定所有光泽材质上亮显的颜色。亮显区域的大小取决于材质的反光度。

④ 贴图。在该卷展面板中设置贴图参数，可以使材质看起来更加真实，利用贴图可模

拟纹理、反射以及折射等效果。在该面板中单击"选择图像"按钮，可打开"选择图像文件"对话框，如图8-27所示。

图8-27　选择图像

　　此时，可在绘图区中选取要进行贴图的图形对象，然后在"选择图像文件"对话框中选取一种图形文件，并单击"打开"按钮即可将贴图赋予图形中。

　　⑤高级光源替代。当材质通过全局照明或最终聚集的间接发光照亮时，将影响该材质渲染的参数。高级光源替代面板提供了用于更改材质特性以影响渲染场景的控件，该控件仅可用于"真实"和"真实金属"材质类型。在该卷展面板中可以调整光线透射度、反射度和颜色饱和度，以生成更为逼真的渲染图像，如图8-28所示。

图8-28　高级光源替代面板

⑥ 材质缩放与平铺。利用该面板可以设置材质贴图的缩放和平铺参数，即设置材质的缩放比例单位，并且能够设置材质贴图平铺或镜像的参数，图8-29所示就是材质缩放与平铺的效果。

图 8-29 "材质缩放与平铺"面板

⑦ 材质偏移与预览。利用该卷展面板可设置贴图的材质偏移和预览方式，该卷展面板的参数与"材质缩放与平铺"卷展面板中的参数设置是相对应的，就是在该选项板中设置 *U* 偏移和 *V* 偏移参数值，上一个选项板的参数值也会做相同的改变，并且可以在该卷展面板中预览设置参数后的效果，如图8-30所示。

图 8-30 "材质偏移与预览"面板

（2）小房子赋材质和着色　现将不同材质和颜色赋给不同图层上的图形，单击"视图"选项卡中的"工具"选项卡，弹出"材质库"选项板（见图8-31）。

图8-31　"材质库"选项板列表

在材质库中分别选择块体砖石（组合式；英式），混凝土（平面；灰色）、胡桃木、装饰金属（青铜；光滑）等材质赋给外墙、台阶、门和窗框。在此同时，这4种材质会自动出现在"材质"选项板中，如图8-32所示。

图8-32　"材质"选项板

其次，在材质对话框中新建地板、草坪和玻璃窗材质。单击"创建新材质"按钮，地板材质出现在贴图卷展栏中，在"漫射贴图"中选择所需要的图形，在"材质缩放与平铺"面板中选择"适合小控件"，平铺数量为1，如图8-33所示。

图 8-33　创建新材质

草坪材质的新建方法同地板材质。新建玻璃窗材质，则需在材质编辑器卷展栏中选择"真实"和"玻璃-透明"，调整反光度和不透明度，如图8-34所示。

图 8-34　新建玻璃窗材质

最后，调整对象颜色。利用对象特性工具条选择需要的颜色，内墙、房顶和地面分别选择白色、浅黄色与浅灰色。

（3）调整材质特性　单击"渲染"选项卡中材质标题右下角的"材质对话框"按钮，弹出"材质"对话框，对外墙、台阶、门和窗框材质进行调整。材质缩放与平铺卷展栏选择适合小控件，平铺数量为1、1、2、1，并且外墙材质选择"凹凸贴图"，其余选择"漫射贴图"。材质特性调整后，还需重新赋予实体。

（4）渲染效果　渲染后的图形如图8-35所示，看到房子后面没背景，砖墙看起来太暗，房内没亮度，玻璃窗没有应有的效果。因此，还需要设立光源和背景，以提高渲染效果。

图8-35　渲染后效果图

5. 创建光源

（1）光源类型　不论在真实世界或模拟世界，光源的重要性无可替代。真实世界中的光源不仅给了人们一个明亮的世界，而且在当代高速发展的经济社会中发挥着积极的作用；而模拟世界中的光源是抽象的，它是设计者思想中一种假想的存在，目的是为设计意图增加更真实的透明度。

1）点光源。点光源是从光源处发射的呈辐射状的光束。点光源可以用于在场景中添加充足的光照效果，或者模拟真实世界的点光源照明效果，一般用作辅光源。此外，可以通过选择创建的点光源，通过拖动光源夹点调整光源的位置，从而改变点光源的照射效果，也可以直接新建UCS坐标来改变点光源的位置。

2）聚光灯。聚光灯是常用的一种灯光，其光线会从一点朝向某个方向发散。打开目标点后，用户可以根据实际需要调整其照明方向，用于模拟各种具有方向的照明。聚光灯常用于制作建筑效果中的壁灯、射灯以及特效中的主光源。聚光灯离照射物体越远，照射效果越明显；反之，则照射效果不明显。

3）平行光。平行光可以在一个方向上发射平行的光线，就像太阳光照射在地球表面上一样。平行光主要用于模拟太阳光的照射效果。在创建平行光时，首先关闭默认的光源，然

园林 CAD

后单击"平行光"按钮，选择平行光的位置和照射方向即可创建平行光。

（2）设置光源特性 如果要模拟特定环境下的真实效果，则需要设置光源。另外，如果当前系统中没有添加任何光源物体，则系统使用默认的光源效果。要设置光源，可单击"光源"选项板中的"模型中的光源"按钮，打开"光源列表"选项板，此时可以选择列表中的光源类型来设置相应参数，如图8-36所示。

图 8-36　光源列表

1）设置点光源特性。在"光源列表"选项板中选择光源，并单击鼠标右键，然后选择"特性"选项，则打开"点光源特性"选项板，如图8-37所示。

图 8-37　设置点光源特性

在该特性选项板中，除了可以查看并编辑点光源的常规特性外，还可以通过"阴影"选项控制光源在照射图形时是否投影，"强度因子"选项控制光源的亮度以及"过滤颜色"选项控制照射光线的颜色。

2）设置聚光灯特性。要设置聚光灯特性，在"光源列表"面板中选择聚光灯光源并单击鼠标右键，然后选择"特性"选项，打开"聚光灯特性"面板。该面板中直接影响聚光灯照射效果的主要是"位置"、"聚光角角度"和"衰减角度"选项，除了利用拖动夹点的方法来改变角度和移动位置外，也可以在该面板中设置相应的角度和位置坐标来改变照射效果。

3）设置平行光特性。对于创建的平行光，在视图中不显示其轮廓，因此无法通过夹点来改变其照射效果。欲设置其特性，单击"光源"选项板中的"光源列表"按钮，打开"光源列表"选项板。然后选择"平行光"选项并单击鼠标右键，选择"特性"选项，在打开的"平行光特性"面板中设置其特性，如图8-38所示。

图8-38　设置平行光源特性

4）设置阳光特性。在AutoCAD中，阳光是不需要创建的，就像自然界的太阳光源一样，除了可以通过"阳光状态"工具控制阳光的打开或关闭外，还可以通过为模型指定的地理位置以及日期和当日时间来控制阳光的角度。它除了可以通过"阳光特性"面板修改特性外，由于太阳光受地理位置的影响，因此在使用太阳光时，还可以通过"地理位置"对话框修改，其中的时区由位置决定，但也可以通过系统变量TIMEZONE独立调整。

当需要调整阳光的特性时，单击"周期"选项板中的"阳光特性"按钮，打开"阳光特性"面板。在该特性面板中可以设置阳光的状态、颜色、强度因子等，设置完成后关闭该特性面板。

（3）创建光源　单击"渲染"|"创建光源"|"点光源"，如图8-39所示。

图 8-39　创建点光源

1）点光源。在命令行中输入光源源位置，可任意选择一固定点（如小房子的左下角点），再对点光源的名称、强度、状态、阴影、衰减和颜色进行设定，这些参数需要反复调整以及观察渲染效果，才能得到好的效果图。强度、状态、阴影、衰减和颜色等参数设定为：强度400，状态选"开"，阴影选"开"、光线柔和，衰减选"线性反比"，颜色默认（也可选择白炽灯的橙黄色）。另外，光源位置还可以用移动工具改变位置，如本例中相对于原位置的点坐标改为@300，250，270，如图8-40所示。

图 8-40　设定点光源特性

2）平行光。单击"平行光"按钮，在命令行输入光源来向坐标（0，0，0），指定光源去向坐标（1500，1500，－500），强度0.9，状态选"开"，阴影选"开"、光线柔和，渲染后如图8-41所示。

图8-41　渲染后效果图

6. 设置背景与保存

（1）设置背景　单击"视图"|"视图标题"|"命名视图"按钮，弹出"视图管理器"对话框，如图8-42所示。

图8-42　视图管理器对话框

单击"新建"按钮，弹出"新建视图"对话框，设置视图特性。"视图名称"定为"背景1"，"背景选项"选"图像"，出现图像选择窗口，如图8-43所示。

图8-43 选择图像

选择一幅背景图像，最好带有草坪的，这样可与实体效果图草坪过渡自然。设置快照特性，运动时间设为100秒，确定后如图8-44所示。

图8-44 设置图像特性

将新建背景置为"当前"并应用，再确定，结果如图 8-45 所示。

图 8-45　设置背景后房子实体图

最终渲染后效果如图 8-46 所示。

图 8-46　小房子渲染效果图

（2）保存图像　利用渲染窗口的文件菜单进行保存，如图 8-47 所示。

图 8-47　保存图像

思　考　题

1. 创建实体的方法有哪些？

2. 拉伸与面拉伸有哪些区别？

3. 移动三维实体应注意什么？

4. 什么是用户坐标系？什么是世界坐标系？它们之间有哪些区别？

5. 如何调整材质的效果？

6. 光源有哪几种类型？各有哪些特点？

7. 环境光过强或过弱会产生什么影响？

8. 效果图如何保存？

项目九

图纸布局与打印输出

 学习目标

1. 了解模型空间、图纸空间和布局的概念。
2. 学会新建布局。
3. 掌握图形的打印。

 学习难点

掌握布局的创建与应用。

实　战　篇

1. 新建布局

（1）新建布局的途径

1）使用"布局向导（layoutwizard）"命令循序渐进地创建一个新布局。

2）使用"来自样板的布局（layout）"插入基于现有布局样板的新布局。

3）单击"布局"标签，利用"页面设置"对话框创建一个新布局。

4）通过设计中心，从图形文件或样板文件中把建好的布局拖入当前图形中。

（2）创建新布局　为加深对布局的理解，下面分别用"（1）新建布局的途径"中的第一种和第三种方法创建新布局。

【图例练习1】使用布局向导，为某小游园平面图创建一个 A2 图纸的新布局。

操作过程：

1）从菜单栏中选择"插入"│"布局"│"创建布局向导"选项，弹出"创建布局-开始"对话框，在对话框左边列出了创建布局的步骤，如图9-1所示。

2）在"输入新布局名称"栏中键入"小游园平面图"，然后单击"下一步"按钮，屏幕出现"创建布局-打印机"对话框，如图9-2所示。

图9-1 "创建布局-开始"

图9-2 "创建布局-打印机"

3）为新布局选择一种配置好的打印设备，例如"DWF6 eplot. pc3"，然后单击"下一步"按钮。屏幕出现"创建布局-图纸尺寸"对话框，如图9-3所示。

图9-3 "创建布局-图纸尺寸"

4）选择图形单位为"毫米"，图纸尺寸为"ISO A2（594.00mm×420.00mm）"。单击"下一步"按钮，屏幕出现"创建布局-方向"对话框，如图9-4所示。

图 9-4 "创建布局-方向"

5）确定图形在图纸上的方向为"横向"，单击"下一步"按钮，屏幕出现"创建布局-标题栏"对话框，如图 9-5 所示。

图 9-5 "创建布局-标题栏"

6）选择文件"小游园平面图.dwg"，将其输入到当前布局中来，可以指定所选的文件作为块插入，还可作为外部参照引用。单击"下一步"按钮，屏幕出现"创建布局-定义视口"对话框，如图 9-6 所示。

图 9-6 "创建布局-定义视口"

7）设置新建布局中视口数目为"单个"，视口比例比如为1∶30，即把模型空间的图形缩小30倍显示在视口中，单击"下一步"按钮，出现"创建布局-拾取位置"对话框，如图9-7所示。

图9-7 "创建布局-拾取位置"

8）单击"选择位置"按钮，AutoCAD切换到绘图窗口，指定两个对角点来确定视口的大小和位置，然后返回对话框。单击"下一步"按钮，出现"创建布局-完成"对话框，如图9-8所示。

图9-8 "创建布局-完成"

9）单击"完成"按钮，结束新布局的创建，一个包含图纸页面大小、视口、图框和标题栏的布局随后会出现在屏幕上。

10）用"移动"命令将错位的图框移入图纸，并将其放到"图框"图层中。为了在布局输出时只打印视图而不打印视口边框，可以将视口边框所在图层冻结或设置为不可打印。

【图例练习2】利用"页面设置"对话框为某一规划设计图创建一个新布局。

1）设置"视口"图层为当前层。

2）单击"布局1"标签，单击鼠标右键，在快捷菜单中点击"页面设置管理器"选

· 210 ·

项，在弹出的"页面设置管理器"对话框中点击"修改"选项，弹出"页面设置-布局 1"对话框，如图 9-9 所示。

图 9-9　"页面设置-布局 1"

3）单击"打印机"选项卡，在打印机名称下拉列表中选择"Can2900"。

4）单击"布局设置"选项卡，选择图纸单位为"毫米"，图纸尺寸为"ISO A4（297.00mm×210.00mm）"，打印比例为"1:1"。

5）单击"确定"按钮，进入"布局 1"，完成创建。其中的虚线矩形框是要打印区域，如果需要调整可打印区域，可在打印机特性按钮中进行设定。

2. 创建布局浮动视口

用布局向导创建的布局往往是单一视口或相同大小的视口阵列，在实际工作中常常根据需要增加新视口，以反映模型空间中不同的视图。

（1）创建浮动视口命令　命令：_vports 或菜单："视图"｜"视口"｜"一个视口"。

特别提醒：

使用该命令时，相关参数的含义为：

1）指定视口的角点：指定创建视口的角点。

2）指定对角点：指定创建视口的对象点。

3）开：打开一个视口，将其激活并使它的对象可见。

4）关：关闭一个视口。如果视口被关闭，则其中的对象不被显示，用户也不能将此视口置为当前。

5）布满：创建充满可用显示区域的视口。视口的实际大小由图纸空间视图的尺寸决定。

6）锁定：锁定当前视口显示。使缩放（zoom）和平移（pan）不能作用于当前视口。

7）对象：将指定的多段线、椭圆、样条曲线、面域和圆转换成视口。选定的多段线必须是闭合的且至少具有 3 个顶点。

8）多边形：用指定的点来创建不规则形状的视口。

另外，在视口工具栏中以下几个按钮均为视口创建工具：

1）创建一个多边形视口。

2）将闭合的对象转化为视口。

3）将现有的视口边界重新定义。

（2）创建浮动视口　在刚才新建的布局中，用新建视口命令增加两个视口，用来显示图形。

【图例练习 3】在某一规划设计图新建的布局中增加两个视口，并调整其显示。

1）设置"视口"图层为当前层。

2）单击"单个视口"按钮，在图纸区域中下方绘制视口。

3）双击新建的浮动视口区域，进入浮动视口的模型空间，被激活的视口边框会加粗显示，将设计图平移至视口中央。

4）从视口工具栏的下拉列表中选择"视口显示比例"，再将设计图移至视口中央。注意：此时不要缩放视图，否则视口内图形的显示比例将会改变，这会导致输出图形的比例不正确。

5）如果对视口大小和位置不满意，可单击状态栏的"模型"按钮换到图纸空间，用"夹点编辑"和"移动"命令对视口进行修改。

6）重复步骤 2）～4），新建图纸上方的视口，并调整其显示。

（3）文字高度与尺寸标注在视口中的比例适配

1）文字高度适配。在模型空间输入文字时需要考虑打印的比例因子，以便在图纸上获得符合规范的文本字高。例如：绘制打印比例因子为 1∶100 的图形时，在图中写入 50 个单位高的文字才能在最终的图纸上得到 0.5mm 高的字。在图纸中如果有不同比例的图样，则每一比例图样都将有特定的文字高度规格。

2）尺寸标注外观大小适配。在尺寸标注上也同样存在比例的问题，但我们不必像修改文字高度一样逐个修改，只需打开标注样式中"调整"选项卡内的"按布局（图纸空间）缩放标注"选项，然后在调整好显示比例的视口中对标注进行样式更新即可。

【图例练习 4】对上例中各视口内的尺寸标注进行外观大小适配。

1）单击标注工具栏的"标注样式"工具，弹出"标注样式管理器"对话框，在样式列表中单击已建的"标注样式 1"，再单击"置为当前"按钮，然后单击"修改"按钮。

2）在"修改标注样式 1"对话框中，单击"调整"选项卡，将"按布局（图纸空间）缩放标注"选项打开。单击"确定"按钮回到"标注样式管理器"对话框，再单击"关闭"按钮，结束标注样式修改。

3）单击状态栏的"图纸"按钮，转换到视口模型空间，单击"规划设计图"视口区域，激活该视口。

4）单击标注工具栏的"标注更新"工具，在视口中框选所有标注后按 <Enter> 键，即可见到标注的外观大小重新进行了调整。

5）依此类推，对其他视口内的标注进行更新。

（4）布局编辑　布局在创建后如需修改，可用鼠标右键单击"布局"选项卡，调出布局编辑快捷菜单进行相应的修改。

> **特别提醒：**
>
> 在该菜单中，相关选项的含义为：
>
> 1）新建布局：创建一个新的布局选项卡，布局名会自动生成。
>
> 2）来自样板：从样板或图形文件中复制布局。样板或图形文件中的布局（包括此布局中所有几何图形）将被插入到当前图形。
>
> 3）删除：删除当前选中的布局，"模型"选项卡不能删除。
>
> 4）重命名：给当前布局重新命名，布局名必须唯一，最多可以包含255个字符。
>
> 5）移动或复制：改变当前布局的排列位置。如果选择创建副本复选框，则复制当前布局。
>
> 6）选择所有布局：选项中本图形文件的所有布局。
>
> 7）页面设置：调出"页面设置"对话框，可以对当前布局进行页面设置。
>
> 8）打印：调出"打印"对话框，可以对当前布局进行设置及打印。

3. 打印图形

将布局中的视图调整、编辑好后，就可以把它打印输出了。

命令：plot 或菜单："文件"｜"打印"。

> **特别提醒：**
>
> 在"打印设置"对话框中，相关选项的含义为：
>
> 1）完全预览：以完全的打印效果预览图形。要退出打印预览，单击鼠标右键并选择"退出"。
>
> 2）部分预览：以线框方式预览图形。
>
> 3）图纸尺寸：显示当前的图纸尺寸，可以从列表中选择一种当前打印机支持的图纸尺寸。
>
> 4）毫米：设定图纸单位为毫米。
>
> 5）比例：设定打印输出的比例，与"布局向导"中的比例含义不同。通常设置为1:1，即按布局的实际尺寸打印输出。
>
> 6）自定义：可设定一个自定义比例。
>
> 7）纵向：图纸的短边作为图形页面的顶部。
>
> 8）横向：图纸的长边作为图形页面的顶部。
>
> 9）布局：打印指定图纸尺寸页边距内的所有对象。
>
> 10）打印机名称：显示当前打印机，可以从列表中选择一种可用打印机。
>
> 11）打印样式名称：显示当前使用的打印样式表。
>
> 12）打印到文件：打印输出到文件而不是打印机。
>
> 13）文件名：指定打印输出的文件名。
>
> 14）位置：显示打印输出文件存储的目录位置，缺省的位置为图形文件所在的目录。

【图例练习1】将前面创建的"某规划设计图"布局打印输出到文件"某规划设计平面

园林 CAD

图.dwf"。

1）单击"输出"选项卡的打印工具，弹出"打印"对话框，如图9-10所示，将打印设置做如下调整：

图9-10 打印-布局1

① 将打印区域框内的"布局"选项打开。

② 图纸尺寸设为"ISO A4（297.00mm×210.00mm）"。

③ 图纸单位设为"毫米"。

④ 打印比例框内的比例为1:1。

2）单击"打印设备"选项卡，将打印机称设为"can2900"，打印输出文件名"某规划设计平面图.dwf"，位置为此图的位置，可自定义。

3）单击"完全预览"按钮，预览打印结果，然后单击鼠标右键，在弹出的菜单中选择"打印"即可。

4）打印完成后，保存当前图形文件。

4. 用打印样式表控制打印效果

在绘图中，我们常常用颜色来区别各类对象。在上例的打印过程中，如果想控制各种颜色图线的打印线宽和打印颜色，就需要使用打印样式表。

打印样式表是定义打印对象输出效果的控制集合，它可以控制各类对象的打印颜色、线型和线宽等效果。打印样式表文件（.stb 或 .ctb）保存在 AutoCAD 安装目录下的 Plot Styles 子目录中，它可以独立于图形的打印机，也就是说，我们可以把设定好打印样式表的文件拷入另一台连接有输出设备的电脑上进行输出。打印样式表一经创建，就可以在有需要的打印任务中调用，无需重新创建。

下面我们用一个例子来说明如何创建和使用打印样式表。

【图例练习 2】打开"某规划设计平面图 . dwg",为其布局创建一个打印样式表,具体要求如下:

打印样式表名称为"黑白工程图打印样式";所有颜色对象输出均设为黑色;颜色设定;线型设定。

具体操作如下:

1）打开"某规划设计平面图 . dwg",激活其布局。

2）鼠标右键单击"观景台平立剖"布局,在弹出的菜单中选择"页面设置"选项,单击"打印样式表"下拉按钮,然后单击"新键"按钮（如果需要使用已有的打印样式表,可以从"打印样式表名称"列表中选择）,弹出"添加颜色相关打印样式表-开始"对话框。

3）输入文件名为"黑白工程图打印样式",单击"下一步"按钮,弹出"添加颜色相关打印样式表-完成"对话框。

4）选择"对当前图形使用此打印样式表"选项,单击"打印样式表编辑器"按钮,弹出"打印样式表编辑器—黑白工程图打印样式 . ctb"对话框。

5）单击"表格视图"选项卡,然后进行颜色和线型设定。

6）单击"保存并关闭"按钮完成设定,回到对话框,单击"完成"按钮,回到"布面设置"对话框。

7）单击"确定"按钮,此时在布局中显示的是应用了打印样式表后的外观效果,我们可观察到图线的线宽和颜色均被修改了。

8）单击"打印"按钮即可将图纸打印样式表的要求打印输出。

在打印样式表的创建过程中,掌握打印样式表编辑器的使用是关键,在这里我们对它做一个简要的说明。

打印样式表编辑器是一个创建和修改打印样式的工具,一般包括两种选项卡。

（1）基本选项卡 基本选项卡包括以下两个重要的选项。

1）说明：显示当前打印样式表文件的说明。

2）向非 ISO 线形应用全局比例因子：在打印样式中可以对非 ISO 线型和填充图案应用全局比例因子。

（2）表格视图选项卡 表格视图选项卡包括以下重要的选项。

1）打印样式列表：显示与 1~255 号颜色相关的打印样式名称。

2）特性区：显示当前选择的打印样式特性。

3）颜色：打印样式颜色的默认设置为"使用对象颜色"。如果为打印样式分配颜色,则打印使用分配的颜色,而不考虑对象的颜色。

4）淡显：可以选择颜色密度设置,决定 AutoCAD 打印时图纸上墨水的量,有效范围为 0~100。选择 0 表示将颜色削弱为白色,选择 100 将使颜色以最浓的方式显示。

5）线型：打印样式线型的默认设置为"使用对象线宽"。如果为打印样式分配线宽,打印样式的线宽则不考虑打印的对象的线宽。

6）填充样式：AutoCAD 提供下列填充样式的选项：实心、棋盘形、交叉线、菱形、水平线、左斜线、右斜线、方形点和垂直线。填充样式用于实体、多段线、圆环和 3D 面。

思 考 题

1. 请解释模型空间和图纸空间，布局和视口的概念与相互关系。
2. 布局中视口显示比例的含义是什么？
3. 如何在当前文件中调用某个图形文件的布局？
4. 同一图形能否在布局中的多个视口出现？
5. 布局中的虚线框是指什么区域？
6. 为在图纸上获得统一的文字与尺寸标注，应如何在布局中进行高度适配？
7. 打印比例不同的图样如何排版在同一张图纸上？
8. 在打印图纸时，发现一些在屏幕上可见的线条不能打印出来，可能是由哪些原因引起的？

参 考 文 献

［1］图灵 . 新编中文 AutoCAD 2000 教程［M］. 上海：上海交通大学出版社，2005.

［2］张华 . 园林 AutoCAD 教程［M］. 北京：中国农业出版社，2002.

［3］刑黎峰 . 园林计算机辅助设计教程［M］. 北京：机械工业出版社，2004.

［4］黄和平，易臻 . 中文版 AutoCAD 2009 室内装潢设计［M］. 北京：清华大学出版社，2009.